# 沙尘天气年鉴

2017 年



中国气象局　编

SAND-DUST WEATHER ALMANAC 2017

气象出版社
China Meteorological Press

**图书在版编目（CIP）数据**

沙尘天气年鉴. 2017年 / 中国气象局编. —北京：气象出版社，2019.11

ISBN 978-7-5029-6959-2

Ⅰ. ①沙... Ⅱ. ①中... Ⅲ. ①沙尘暴—中国—2017—年鉴 Ⅳ. ①P425.5-54

中国版本图书馆CIP数据核字(2019)第075670号

沙尘天气年鉴 2017 年
Shachen Tianqi Nianjian 2017nian

出版发行：气象出版社
地　　址：北京市海淀区中关村南大街 46 号　　邮政编码：100081
电　　话：010-68407112（总编室）　010-68408042（发行部）
网　　址：http：//www.qxcbs.com　　E-mail：qxcbs@cma.gov.cn
责任编辑：陈　红　　终　　审：吴晓鹏
责任校对：王丽梅　　责任技编：王丽梅
封面设计：博雅思企划
印　　刷：北京建宏印刷有限公司
开　　本：787mm×1092mm　1/16　　印　　张：4.5
字　　数：112 千字
版　　次：2019 年 11 月第 1 版　　印　　次：2019 年 11 月第 1 次印刷
定　　价：40.00 元

# 《沙尘天气年鉴 2017 年》编委会

**主　　　编：**魏　丽

**副　主　编：**安林昌　张恒德　张碧辉

**编写人员**

**国家气象中心：**吕终亮　李　明　谢　超　尤　媛

张天航　南　洋　张亚妮　赵彦哲

**国家气候中心：**杨明珠　艾婉秀　钟海玲

**国家卫星气象中心：**李　云　刘清华

# 前　言

沙尘天气是风将地面尘土、沙粒卷入空中，使空气混浊的一种天气现象的统称，是影响我国北方地区的主要灾害性天气之一。强沙尘天气的发生往往给当地人民的生命财产造成巨大损失。

近年来，随着社会、经济的发展，沙尘天气给国民经济、生态环境和社会活动等诸多方面造成的灾害性影响越来越受到社会各界和国际上的关注。我国对沙尘天气也越来越重视，监测手段的逐渐增多以及沙尘天气研究工作取得的进展，使沙尘天气的预报水平不断地提高，为防御和减轻沙尘天气造成的损失做出了重要贡献。

为了适应沙尘天气科学研究的需要，也为各级气象台站气象业务技术人员提供更充分的沙尘天气信息，更好地掌握沙尘天气活动规律，提高预报准确率，国家气象中心组织整编了《沙尘天气年鉴 2017 年》。年鉴中有关资料承蒙全国各有关省、自治区、直辖市气象局的大力协作和支持，使编写工作得以顺利完成。

《沙尘天气年鉴 2017 年》的内容包括对 2017年沙尘天气过程概况的描述和沙尘天气产生的气象条件的分析，全年和逐月沙尘天气时空分布及主要沙尘天气过程相关图表等。

# FOREWORD

Sand-dust weather is the phenomenon that wind blows dust and sand from ground into the air and makes it turbid. It's one of the main disastrous weather phenomena influencing northern areas of our country. Great casualties of people's lives and properties occur in these areas because of severe sand-dust weather.

In recent years, with the development of society and economy, the disastrous influence of sand-dust weather on national economy, ecology and social life has become a hot issue in China, even in the world. With more and more attention to sand-dust weather and gradual increment of monitoring ways, the sand-dust weather research has been made and forecast level for this kind of weather has been improved, which contributes a lot to loss mitigation and sand-dust weather prevention.

In order to meet the requirements of sandstorm research, provide more sufficient sand-dust weather information for weather forecasters, National Meteorological Center compiled this "Sand-dust Weather Almanac 2017". The volume of almanac not only assists us by obtaining further knowledge on the behavior of sandstorm and improving forecast accuracy but provides better service for prevention of sandstorm as well. Thanks for the contribution of sand-dust data from relevant meteorological sections. We own the success of this compilation to the great support of all the meteorological observatories and stations country-wide.

"Sand-dust Weather Almanac 2017" covers the annual general situation and meteorological background of sand-dust weather, annual and monthly temporal and spatial distribution charts of different types of sand-dust weather, as well as some charts and tables of main sand-dust weather cases in 2017.

# 说 明

## 一、沙尘天气及沙尘天气过程的定义

本年鉴有关沙尘天气及沙尘天气过程的定义执行国家标准 GB/T 20480－2006《沙尘暴天气等级》。

沙尘天气分为浮尘、扬沙、沙尘暴、强沙尘暴和特强沙尘暴五类。

1. 浮尘：当天气条件为无风或平均风速≤3.0 m/s 时，尘沙浮游在空中，使水平能见度小于 10 km 的天气现象。
2. 扬沙：风将地面尘沙吹起，使空气相当混浊，水平能见度在 1～10 km 以内的天气现象。
3. 沙尘暴：强风将地面尘沙吹起，使空气很混浊，水平能见度小于 1 km 的天气现象。
4. 强沙尘暴：大风将地面尘沙吹起，使空气非常混浊，水平能见度小于 500 m 的天气现象。
5. 特强沙尘暴：狂风将地面尘沙吹起，使空气特别混浊，水平能见度小于 50 m 的天气现象。

沙尘天气过程分为五类：浮尘天气过程、扬沙天气过程、沙尘暴天气过程、强沙尘暴天气过程和特强沙尘暴天气过程。

1. 浮尘天气过程：在同一次天气过程中，相邻 5 个或 5 个以上国家基本（准）站在同一观测时次出现了浮尘的沙尘天气。
2. 扬沙天气过程：在同一次天气过程中，相邻 5 个或 5 个以上国家基本（准）站在同一观测时次出现了扬沙或更强的沙尘天气。
3. 沙尘暴天气过程：在同一次天气过程中，相邻 3 个或 3 个以上国家基本（准）站在同一观测时次出现了沙尘暴或更强的沙尘天气。
4. 强沙尘暴天气过程：在同一次天气过程中，相邻 3 个或 3 个以上国家基本（准）站在同一观测时次成片出现了强沙尘暴或特强沙尘暴天气。
5. 特强沙尘暴天气过程：在同一次天气过程中，相邻 3 个或 3 个以上国家基本（准）站在同一观测时次出现了特强沙尘暴的沙尘天气。

为了同往年《沙尘天气年鉴》统一，依照中国气象局《沙尘天气预警业务服务暂行规定（修订)》(气发［2003］12 号)，本年鉴只统计和分析浮尘、扬沙、沙尘暴和强沙尘暴四类以及浮尘天气过程、扬沙天气过程、沙尘暴天气过程和强沙尘暴天气过程四类。

## 二、资料与统计方法

2017 年沙尘天气日数和站数、沙尘天气过程和强度等是逐日 8 个时次（时界：北京时 00 时）地面观测资料的统计结果。

具体统计方法如下：

1. 对测站沙尘日、扬沙日、沙尘暴日、强沙尘暴日的规定：

（1）某测站一日 8 个时次只要有一个时次出现沙尘天气，则该站记有一个沙尘日；

（2）某测站一日 8 个时次只要有一个时次出现了扬沙、沙尘暴或强沙尘暴，记有一个扬沙日；

（3）某测站一日 8 个时次只要有一个时次出现沙尘暴或强沙尘暴，记有一个沙尘暴日；

（4）某测站一日 8 个时次只要有一个时次出现强沙尘暴，记有一个强沙尘暴日。

2. 对某一天沙尘天气、扬沙、沙尘暴、强沙尘暴站数的规定：

（1）某一天出现沙尘天气站数的总和为该日的沙尘天气站数；

（2）某一天出现扬沙、沙尘暴及强沙尘暴站数的总和为该日的扬沙站数；

（3）某一天出现沙尘暴及强沙尘暴站数的总和为该日的沙尘暴站数；

（4）某一天出现强沙尘暴站数的总和为该日的强沙尘暴站数。

3. 对某一统计时段内沙尘天气总站日数的规定：

（1）统计时段内逐日沙尘天气站数的总和为该时段的沙尘天气总站日数；

（2）统计时段内逐日扬沙站数的总和为该时段的扬沙总站日数；

（3）统计时段内逐日沙尘暴站数的总和为该时段的沙尘暴总站日数；

（4）统计时段内逐日强沙尘暴站数的总和为该时段强沙尘暴总站日数。

## 三、沙尘天气过程编号标准

国家气象中心对每年移入或发生在我国范围内的扬沙、沙尘暴、强沙尘暴天气过程按照其出现的先后次序进行编号，编号用 6 位数码，前四位数码表示年份，后两位数码表示出现的先后次序。例如：2017 年出现的第 5 次沙尘天气过程应编为“201705”。

## 四、沙尘天气过程纪要表内容

沙尘天气过程纪要表包括该年出现的所有扬沙、沙尘暴和强沙尘暴天气过程，其相关内容包括：沙尘天气过程编号、起止时间、过程类型、主要影响系统、扬沙和沙尘暴影响范围和风力。其中主要影响系统是指引起沙尘天气的地面天气尺度的天气系统，主要包括冷锋、气旋、低气压。冷锋是冷气团占主导地位推动暖气团移动的冷、暖空气过渡带，锋后常伴有大风。蒙古气旋产生于蒙古国或我国内蒙古，它由两到三种冷、暖气团交汇而成，通常从气旋中心往外有冷锋、暖锋或锢囚锋生成，气旋发展强烈时常出现大风。低气压是指中心气压低于四周并具有闭合等压线的天气系统。

## 五、年及各月沙尘天气日数分布图

年及各月沙尘天气日数分布图包括年及各月沙尘天气出现日数分布图、扬沙天气出现日数分布图、沙尘暴天气出现日数分布图和强沙尘暴天气出现日数分布图。

## 六、沙尘天气过程图表

沙尘天气过程图表包括沙尘天气过程描述表、沙尘天气范围图、500 hPa 环流形势图、地面天气形势图及气象卫星监测图像等。沙尘天气过程描述表中的最大风速是从该次沙尘天气过程中所有出现沙尘天气站点的定时观测中统计出来的最大风速。500 hPa 环流形势图、地面天气形势图的选用原则是能充分反映造成该次沙尘天气过程的环流形势及影响系统，图中G（D）表示高（低）气压中心，L（N）表示冷（暖）空气中心。

## 七、沙尘天气路径划分标准

沙尘天气路径分为偏北路径型、偏西路径型、西北路径型、南疆盆地型和局地型五类。

1. 偏北路径型：沙尘天气起源于蒙古国或我国东北地区西部，受偏北气流引导，沙尘主体自北向南移动，主要影响我国西北地区东部、华北大部和东北地区南部，有时还会影响到黄淮等地；
2. 偏西路径型：沙尘天气起源于蒙古国、我国内蒙古西部或新疆南部，受偏西气流引导，沙尘主体向偏东方向移动，主要影响我国西北、华北，有时还影响到东北地区西部和南部；
3. 西北路径型：沙尘天气一般起源于蒙古国或我国内蒙古西部，受西北气流引导，沙尘主体自西北向东南方向移动，或先向东南方向移动，而后随气旋收缩北上转向东北方向移动，主要影响我国西北和华北，甚至还会影响到黄淮、江淮等地；
4. 南疆盆地型：沙尘天气起源于新疆南部，并主要影响该地区；
5. 局地型：局部地区有沙尘天气出现，但沙尘主体没有明显的移动。

# 目 录

前 言

说 明

1 2017年沙尘天气概况 …… 1

1.1 沙尘天气过程 …… 1

1.2 沙尘天气日数 …… 1

1.3 2017年春季沙尘天气主要特点 …… 4

1.4 2017年北方沙尘天气影响 …… 7

2 2017年北方沙尘天气偏少的成因分析 …… 8

2.1 2016年夏季主要沙源区降水偏多 …… 8

2.2 春季动力输送条件偏弱 …… 9

2.3 内蒙古东北部和东北中部与北部局部沙尘天气偏多 …… 10

3 2017年沙尘天气过程纪要表 …… 12

4 2017年逐月沙尘天气日数分布图 …… 13

5 2017年沙尘天气过程图表 …… 37

5.1 1月25-26日扬沙天气过程 …… 37

5.2 2月19-21日扬沙天气过程 …… 39

5.3 3月12日扬沙天气过程 …… 41

5.4 3月23日扬沙天气过程 …… 43

5.5 4月17日扬沙天气过程 …… 46

5.6 4月19日扬沙天气过程 …… 48

5.7 5月3-7日沙尘暴天气过程 …… 51

5.8 5月28-29日扬沙天气过程 …… 54

5.9 12月28-29日扬沙天气过程 …… 56

# 1　2017年沙尘天气概况

## 1.1　沙尘天气过程

2017 年全国共出现了 9 次沙尘天气过程，其中扬沙天气过程 8 次，沙尘暴天气过程 1 次，无强沙尘暴天气过程，有 6 次沙尘天气过程发生在春季。9 次沙尘天气过程中偏西路径型 4 次，西北路径型 4 次，偏北路径型 1 次。首次发生的沙尘天气过程为 2017 年 1 月 25—26 日的扬沙天气过程，末次是 12 月 28—29 日的扬沙天气过程。2017 年强度最强的沙尘天气过程是 5 月 3—7 日的沙尘暴天气过程，新疆南疆盆地、甘肃中西部、宁夏、内蒙古、陕西北部、山西中北部、河北北部、北京、吉林西部、黑龙江西南部、山东、江苏、湖北、湖南北部等地出现扬沙浮尘天气，内蒙古部分地区出现沙尘暴，局地出现强沙尘暴。

## 1.2　沙尘天气日数

2017 年我国西北地区、内蒙古、华北地区、东北地区和黄淮的大部分地区以及江淮、江南北部和西藏等地的部分地区都出现了沙尘天气（图 1.1）。有两个沙尘天气出现日数超过 10 天的多发区，一个位于新疆南疆盆地和青海西北部，沙尘天气日数一般达 25 ～ 100 天，新疆南疆盆地的民丰、塔中和且末三站沙尘天气日数超过 100 天，其中塔中最多达到 111 天；另一个多发区位于甘肃中西部、宁夏和内蒙古中西部，沙尘天气日数一般为 10 ～ 25 天。

扬沙天气主要出现在我国西北地区、内蒙古、东北地区南部以及华北的部分地区（图 1.2）。扬沙天气也存在两个多发区，位置与沙尘天气基本相同，日数一般有 10 ～ 30 天，其中新疆南疆盆地南部可达 25 ～ 48 天。

沙尘暴天气出现的区域较扬沙明显缩小（图 1.3），主要分布在新疆南疆盆地、青海西北部、内蒙古中西部，沙尘暴日数一般为 1 ～ 5 天，新疆南疆盆地部分地区超过 10 天，其中民丰站最多为 11 天。

强沙尘暴天气主要出现在新疆南疆盆地，青海北部和内蒙古中西部局地也有出现（图 1.4），日数一般为 1 ～ 2 天，新疆南疆盆地的若羌站最多，达到 4 天。

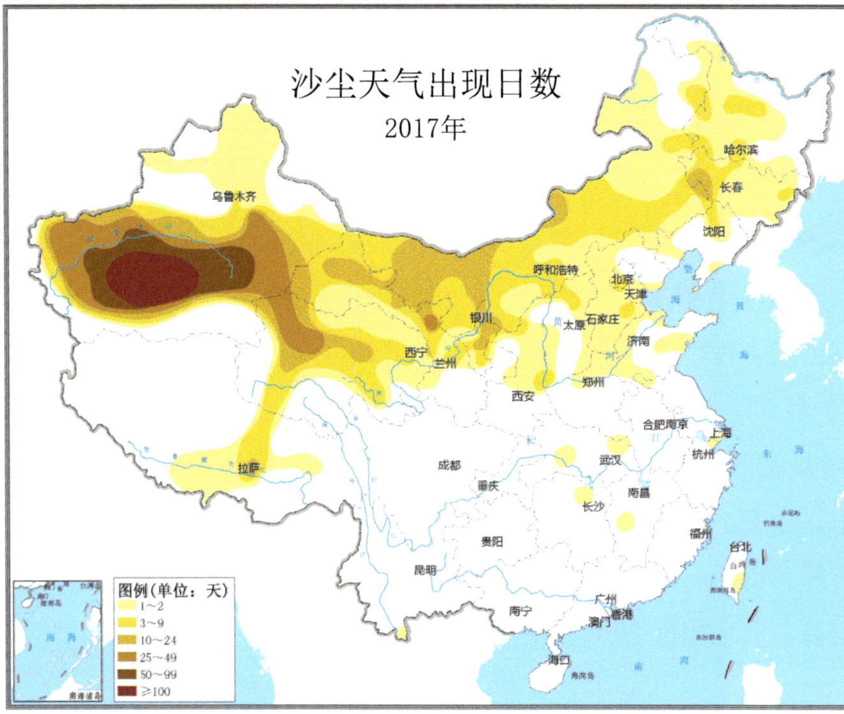


图1.1　2017年沙尘天气日数图

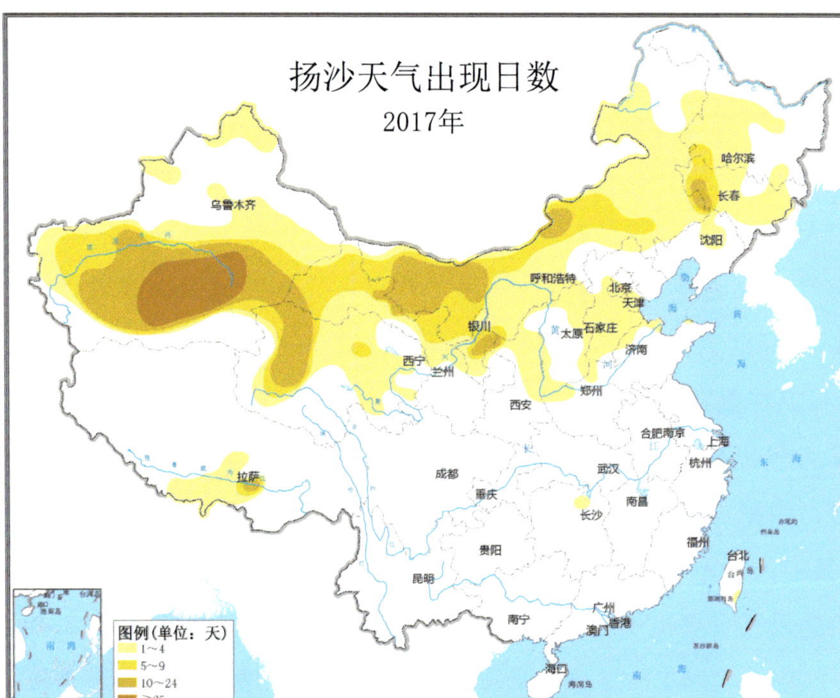


图1.2　2017年扬沙天气日数图

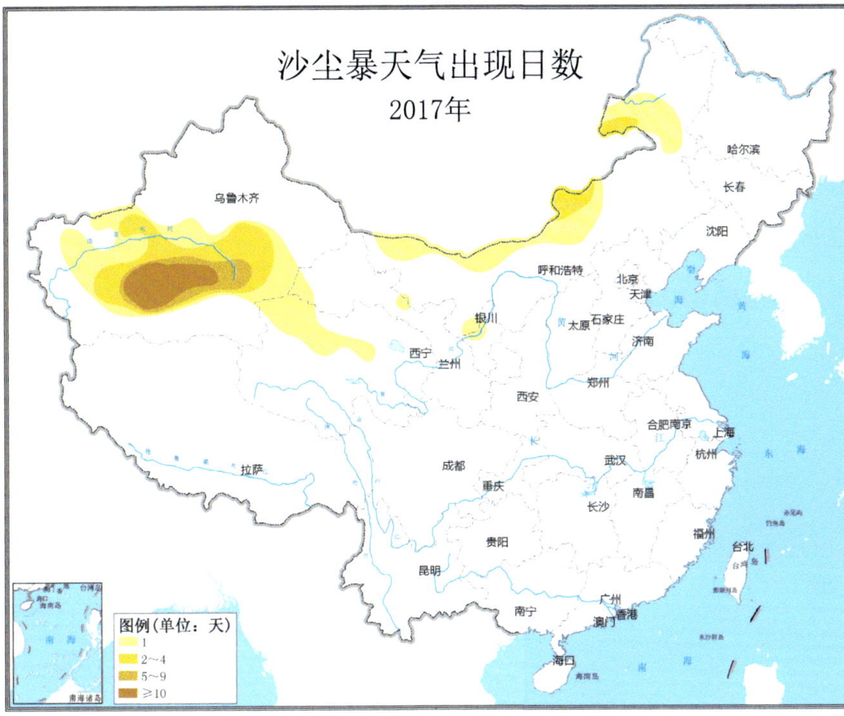


图1.3　2017年沙尘暴天气日数图

图1.4　2017年强沙尘暴天气日数图

## 1.3 2017年春季沙尘天气主要特点

### （1）春季沙尘天气过程数显著偏少

2017年春季，全国共出现了6次沙尘天气过程，较常年（1981—2010年）同期（17.2次）显著偏少，也明显少于前十年（2007—2016年）同期平均（9.6次），沙尘暴强度以上过程次数（沙尘暴过程1次、无强沙尘暴过程）均显著少于前十年（2007—2016年）同期平均（沙尘暴3.9次和强沙尘暴1.5次），与2013年并列为近18年（2000—2017年）最少（表1.1）。

表1.1 2000—2017年春季我国沙尘天气过程统计

| 年份 | 扬沙天气过程 | 沙尘暴天气过程 | 强沙尘暴天气过程 | 总沙尘天气过程 |
|---|---|---|---|---|
| 2000年 | 7 | 7 | 2 | 16 |
| 2001年 | 5 | 10 | 3 | 18 |
| 2002年 | 1 | 7 | 4 | 12 |
| 2003年 | 5 | 2 | 0 | 7 |
| 2004年 | 9 | 5 | 1 | 15 |
| 2005年 | 5 | 2 | 1 | 8 |
| 2006年 | 6 | 6 | 5 | 17 |
| 2007年 | 5 | 8 | 1 | 14 |
| 2008年 | 1 | 8 | 1 | 10 |
| 2009年 | 2 | 5 | 0 | 7 |
| 2010年 | 8 | 6 | 1 | 15 |
| 2011年 | 5 | 1 | 2 | 8 |
| 2012年 | 4 | 2 | 2 | 8 |
| 2013年 | 5 | 1 | 0 | 6 |
| 2014年 | 4 | 1 | 2 | 7 |
| 2015年 | 10 | 1 | 1 | 12 |
| 2016年 | 6 | 2 | 1 | 9 |
| 2017年 | 5 | 1 | 0 | 6 |
| 2007—2016年平均 | 5 | 3.5 | 1.1 | 9.6 |
| 常年平均（1981—2010年） | / | / | / | 17.2 |

(2) 沙尘天气首发时间接近常年同期

2017 年我国首次沙尘天气过程发生时间为 1 月 25 日，比 2000—2016 年平均首发时间（2 月 15 日）早 21 天，较 2016 年（2 月 18 日）偏早 24 天（表 1.2）。

表 1.2　2000 年以来历年沙尘天气最早发生时间

| 年份 | 最早发生时间 | 年份 | 最早发生时间 |
|---|---|---|---|
| 2000 | 1月1日 | 2009 | 2月19日 |
| 2001 | 1月1日 | 2010 | 3月8日 |
| 2002 | 2月9日 | 2011 | 3月12日 |
| 2003 | 1月20日 | 2012 | 3月20日 |
| 2004 | 2月3日 | 2013 | 2月24日 |
| 2005 | 2月21日 | 2014 | 3月19日 |
| 2006 | 3月9日 | 2015 | 2月21日 |
| 2007 | 1月26日 | 2016 | 2月18日 |
| 2008 | 2月11日 | 2017 | 1月25日 |

(3) 沙尘日数偏少，强度显著偏弱

2017 年春季，我国出现沙尘和扬沙的总站数依次为 200 个和 170 个，分别较前十年（2007—2016 年）平均值（212 天和 155 天）偏少 16% 和 3%，均高于 2016 年，说明 2017 年沙尘天气出现的范围比 2016 年大。出现沙尘暴和强沙尘暴的总站数为 27 个和 12 个，依次较前十年（2007—2016 年）平均值（48 站和 18 站）偏少 48% 和 18%，其中，沙尘暴出现的站数为近 18 年（2000—2017 年）同期最少，强沙尘暴出现的站数与 2016 年并列为近 18 年（2000—2017 年）第二少，仅比 2013 年多（图 1.5），表明 2017 年春季全国出现沙尘天气的范围显著偏小。

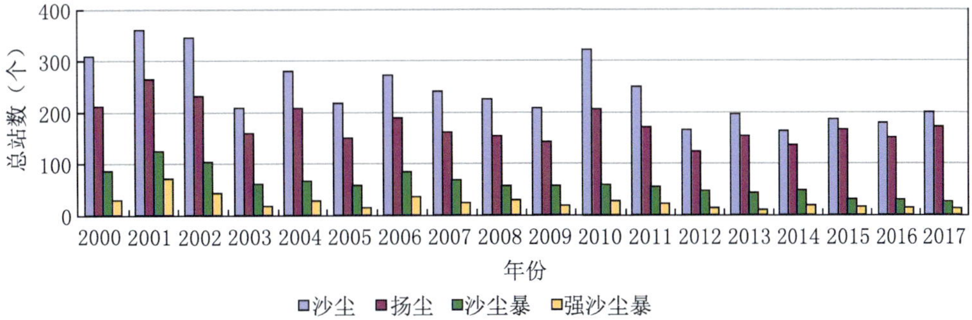


图1.5　2000—2017年春季全国沙尘天气总站数逐年变化

2017 年春季，全国累计出现的沙尘、扬沙总站日数分别为 919 站•天和 494 站•天，较前十年（2007—2016 年）同期平均值偏少 11% 和 7%。沙尘暴和强沙尘暴总站日数分别为 48 站 • 天和 15 站 • 天（图 1.6），较前十年（2007—2016 年）同期平均值偏少 30% 和 19%，比 2016 年（73 站 • 天和 24 站 • 天）也显著偏少。沙尘暴出现的总站日数为近 18 年（2000—2017 年）最少，仅比 2015 年多；强沙尘暴出现的总站日数和 2015 年并列为近 16 年（2000—2017 年）第三少，仅比 2005 年和 2013 年多。

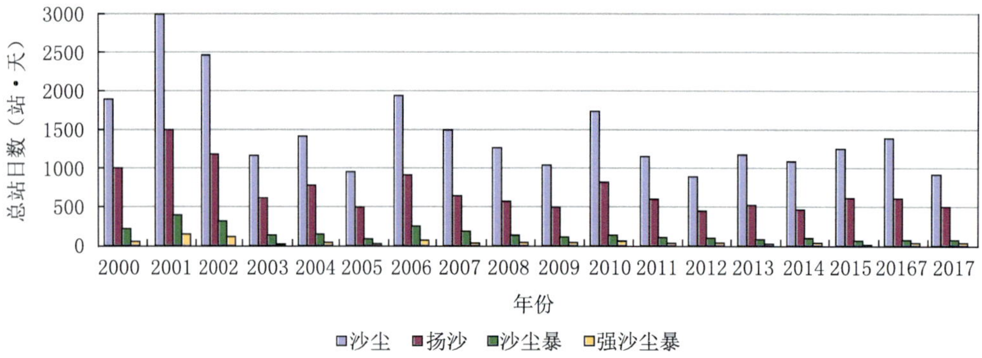


图1.6　2000—2017年春季全国沙尘天气总站日数逐年变化

2017 年春季，我国北方平均沙尘日数为 3.6 天，较常年（1981—2010 年）同期（8.2 天）偏少 4.6 天，比 2000—2016 年同期（5.9 天）偏少 2.3 天，为 1961 年以来历史同期第 2 少（图 1.7）。平均沙尘暴日数为 0.26 天，分别比常年同期（1.19 天）和比 2000—2016 年同期（0.74）偏少 0.93 天和 0.48 天，为 1961 年以来历史同期第 1 少（图 1.8），强度显著偏弱。

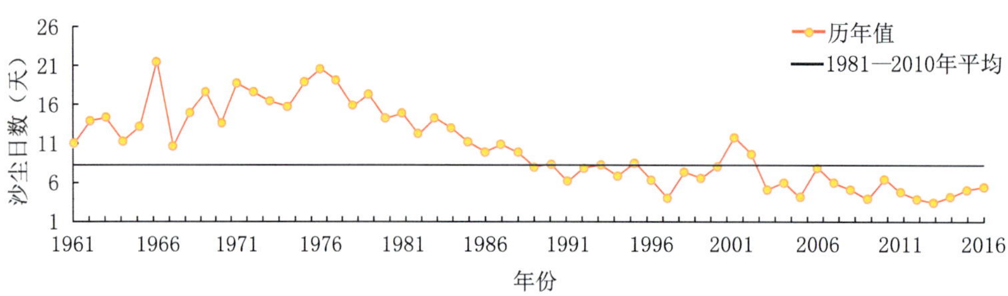


图1.7　1961—2017年春季（3—5月）我国北方沙尘（扬沙以上）日数历年变化

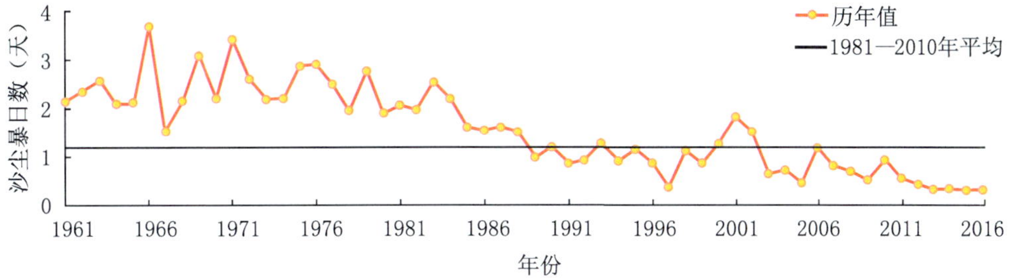


图1.8　1961—2017年春季（3—5月）我国北方沙尘暴日数历年变化

## 1.4　2017年北方沙尘天气影响

2017 年沙尘天气的影响总体偏轻。5 月 3—7 日，发生了 2017 年最强、影响范围最大的一次沙尘天气过程，新疆南疆盆地、甘肃中东部、宁夏、内蒙古、陕西大部、山西大部、河北大部、北京、天津、辽宁北部、吉林大部、黑龙江西南部、山东以及江苏、湖北、湖南等局部地区出现扬沙或浮尘天气，内蒙古部分地区有沙尘暴，局地出现强沙尘暴。

# 2 2017年北方沙尘天气偏少的成因分析

导致2017年春季我国北方沙尘天气偏少、强度偏弱的主要原因是2016年夏季我国西北地区降水偏多，秋季我国北方至内蒙古大部地区降水显著偏多，北方地区下垫面植被前期生长季长势良好，起到较好的抑沙作用；另外，春季欧亚至我国北方大部为正高度场距平控制，沙尘输送动力偏弱。

## 2.1 2016年夏季主要沙源区降水偏多

2016年夏季，欧亚西部和中部大部降水较常年同期偏多，其中西亚和中亚偏多5成以上（图2.1左）。我国北方大部降水较常年同期偏多，其中新疆大部、西北地区北部和西部、内蒙古中西部、华北大部偏多2成以上，局部5成以上（图2.1右）。生长季降水偏多有利于植被生长，由气象卫星植被长势的监测来看，我国北方大部植被长势较2015年明显偏好（图2.2），对于来年沙尘多发期起沙具有抑制作用。

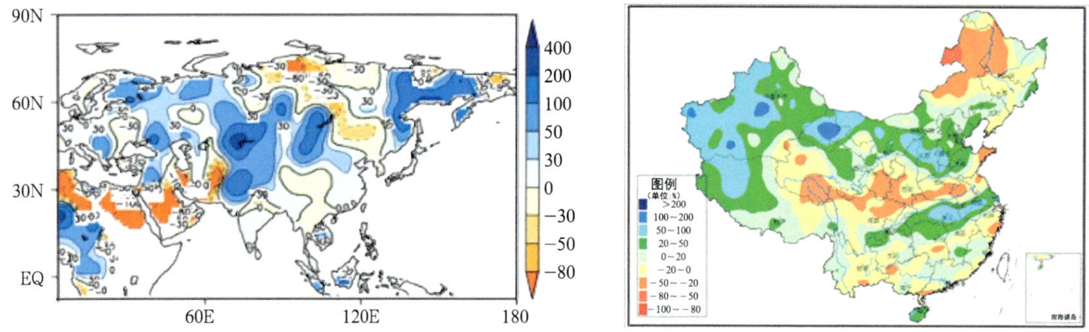


图2.1 2016年夏季欧亚（左）和中国（右）降水距平百分率分布图

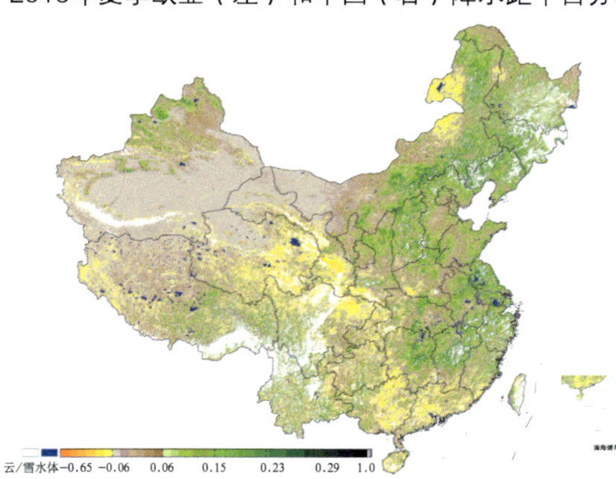


图2.2 2016年8月下旬气象卫星植被长势与2015年同期差值图

## 2.2 春季动力输送条件偏弱

从春季平均的欧亚纬向环流指数标准化序列来看（图 2.3），2017 年春季欧亚地区以纬向环流为主。由 500hPa 高度场距平分布来看（图 2.4），乌拉尔山为负高度距平控制，欧亚大部为正高度距平控制，贝加尔湖地区至我国北方东部高度场正距平明显偏高，欧亚地区槽脊活动和冷空气活动偏弱，春季我国平均气温较常年同期偏高了 0.7℃（图 2.5）。由气温距平分布来看（图 2.6），除了新疆北部和西北地区南部局部外，我国北方大部气温均较常年同期偏高，其中内蒙古大部、华北大部、东北大部偏高 1～2℃。沙尘传输的动力偏弱是导致 2017 年春季沙尘天气总体偏少的一个重要因素。

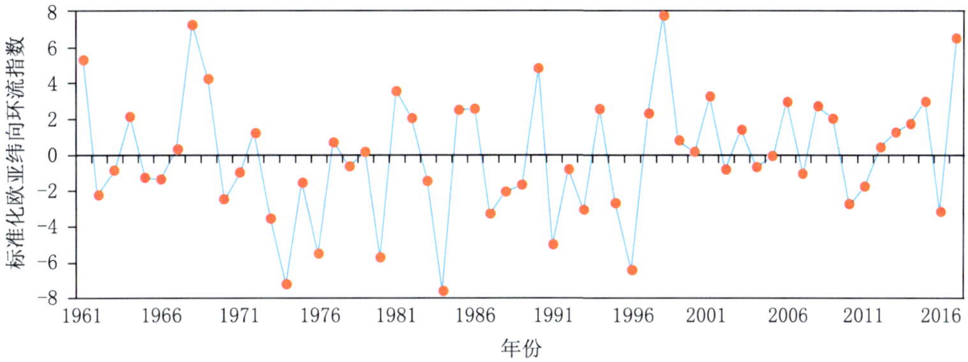


图2.3 春季欧亚纬向环流指数标准化序列

（大于零平均值表明以纬向环流为主，反之，表明以经向环流为主）

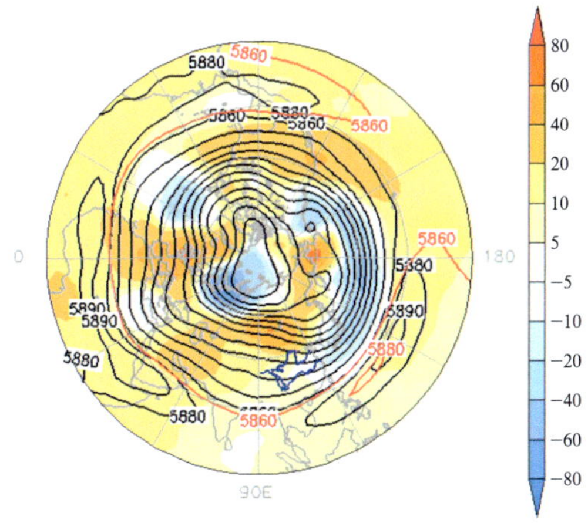


图2.4 2017年春季北半球500hPa位势高度场距平分布图（单位：gpm）

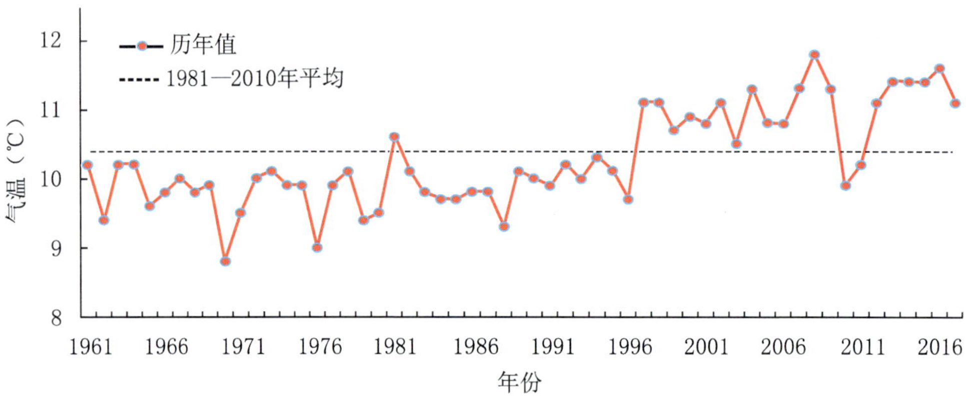


图2.5　2017年春季全国平均气温序列（℃）

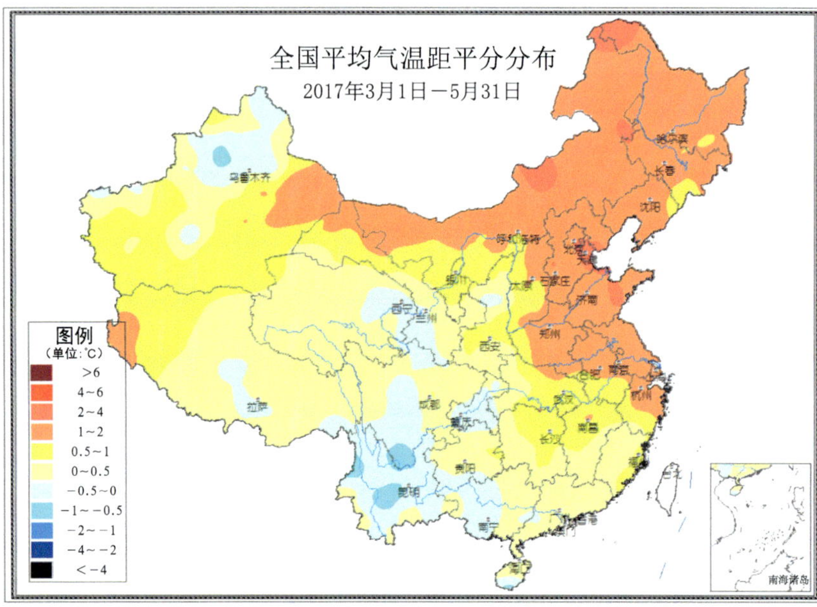


图2.6　2017年春季全国平均气温距平分布图

## 2.3　内蒙古东北部和东北中部与北部局部沙尘天气偏多

尽管2017年春季我国北方大部沙尘天气总体明显偏少，但内蒙古东北部和东北地区的中部和北部局部等地较常年同期偏多1～3天。造成上述区域沙尘天气偏多的主要原因可能是局地抑沙条件遭到破坏，当出现局部大风时就容易出现沙尘天气。

2016年夏季，我国北方大部降水偏多，但内蒙古东北部和东北西北部降水明显偏少（图2.1），上述区域在2017年春季3月、4月和5月连续3个月出现明显的高温少雨（图2.7），造成了严重的局地气象干旱（图2.8），植被遭到一定程度的破坏，使得抑沙条件减弱，当环流出现扰动，风速增大时，就容易发生沙尘天气。

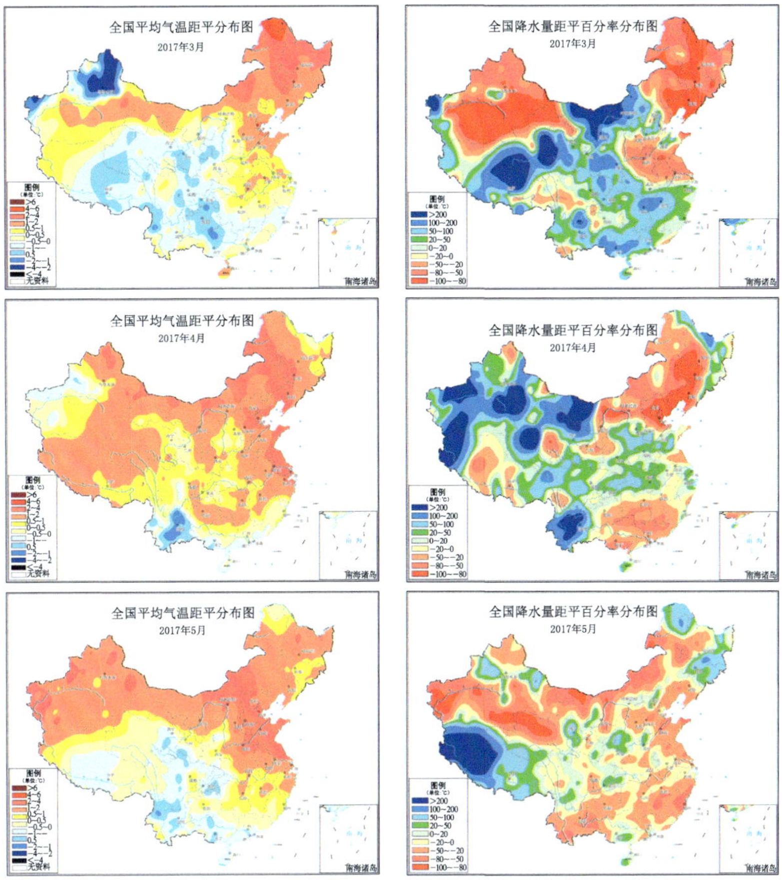


图2.7　2017年3月、4月和5月全国气温距平（左）和降水距平百分率（右）实况图

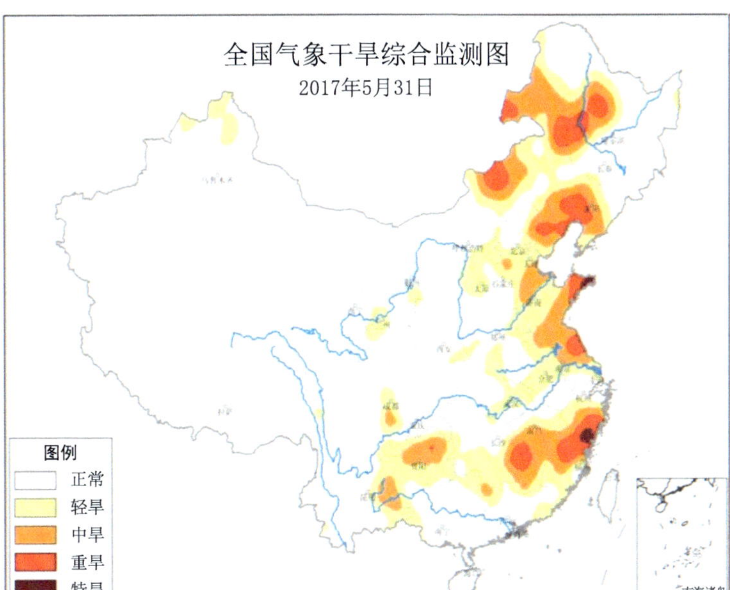


图2.8　2017年5月31日全国气象干旱综合监测图

## 3 2017年沙尘天气过程纪要表

| 编号 | 起止时间 | 过程类型 | 主要影响系统 | 扬沙和沙尘暴主要影响范围 | 风力 |
|---|---|---|---|---|---|
| 201701 | 1月25—26日 | 扬沙 | 地面冷锋、蒙古气旋 | 甘肃中西部、宁夏和内蒙古西部等地出现浮尘或扬沙，宁夏中卫和中宁出现沙尘暴 | 4～5级，部分地区6级 |
| 201702 | 2月19—21日 | 扬沙 | 地面冷锋 | 甘肃西部、新疆南疆、内蒙古西部等地出现浮尘或扬沙，新疆南疆、内蒙古局地出现沙尘暴 | 4～6级，局部地区7级 |
| 201703 | 3月12日 | 扬沙 | 地面冷锋 | 新疆东部和南疆盆地、甘肃西部、内蒙古西部出现扬沙浮尘天气 | 3～5级，部分地区6级 |
| 201704 | 3月23日 | 扬沙 | 地面冷锋 | 新疆南疆盆地、甘肃河西、内蒙古西部、宁夏北部出现扬沙或浮尘天气 | 3～5级，部分地区6级 |
| 201705 | 4月17日 | 扬沙 | 地面冷锋、蒙古气旋 | 内蒙古西部、甘肃河西、宁夏北部等地出现扬沙，内蒙古西部局地出现沙尘暴 | 4～6级，局部地区7级 |
| 201706 | 4月19日 | 扬沙 | 地面冷锋 | 新疆南疆盆地、内蒙古中西部、甘肃中部等地出现扬沙，新疆的部分地区出现沙尘暴，局地出现强沙尘暴 | 3～6级，部分地区7级 |
| 201707 | 5月3—7日 | 沙尘暴 | 地面冷锋、蒙古气旋 | 新疆南疆盆地、甘肃中西部、宁夏、内蒙古、陕西北部、山西中北部、河北北部、北京、吉林西部、黑龙江西南部、山东、江苏、湖北、湖南北部等地出现扬沙或浮尘天气，内蒙古部分地区有沙尘暴，局地出现强沙尘暴 | 4～6级，部分地区7～8级 |
| 201708 | 5月28—29日 | 扬沙 | 地面冷锋 | 内蒙古西部、甘肃西部、新疆南疆盆地等地出现扬沙或浮尘天气，内蒙古拐子湖出现强沙尘暴 | 3～5级，部分地区6级 |
| 201709 | 12月28—29日 | 扬沙 | 地面冷锋 | 新疆南疆盆地、青海北部、甘肃大部、内蒙古西部、宁夏北部等地出现扬沙或浮尘天气 | 4～6级，局部地区7级 |

# 4 2017年逐月沙尘天气日数分布图

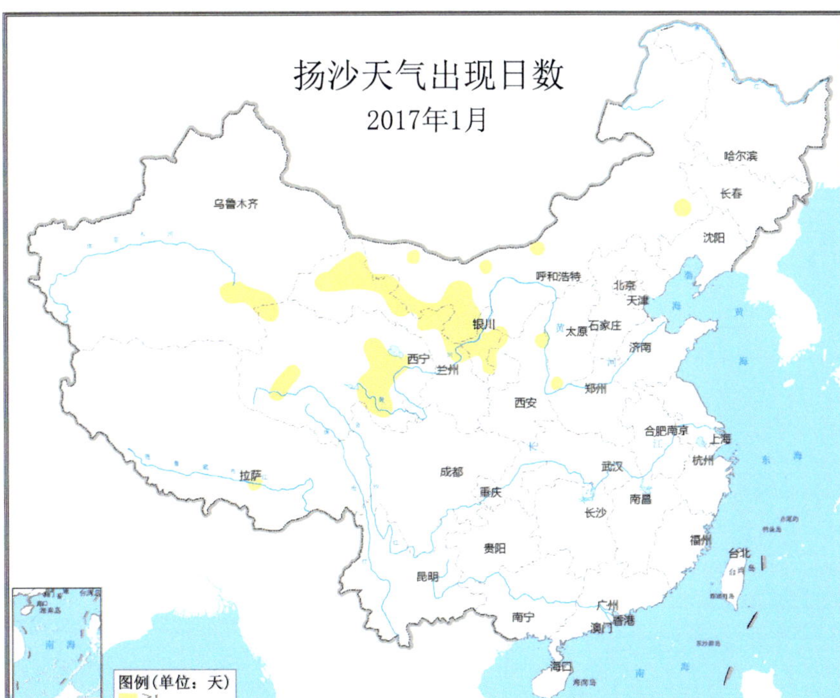

沙尘暴天气出现日数
2017年1月
乌鲁木齐
哈尔滨
长春
沈阳
呼和浩特
北京
天津
银川
太原
石家庄
济南
西宁
兰州
郑州
西安
合肥
南京
上海
拉萨
成都
武汉
杭州
重庆
南昌
长沙
福州
贵阳
台北
昆明
广州
南宁
香港
澳门
海口
图例(单位：天)
≥1

强沙尘暴天气出现日数
2017年1月
无强沙尘暴
乌鲁木齐
哈尔滨
长春
沈阳
呼和浩特
北京
天津
银川
太原
石家庄
济南
郑州
西安
合肥
南京
上海
拉萨
成都
武汉
杭州
重庆
南昌
长沙
福州
贵阳
台北
昆明
广州
南宁
香港
澳门
海口

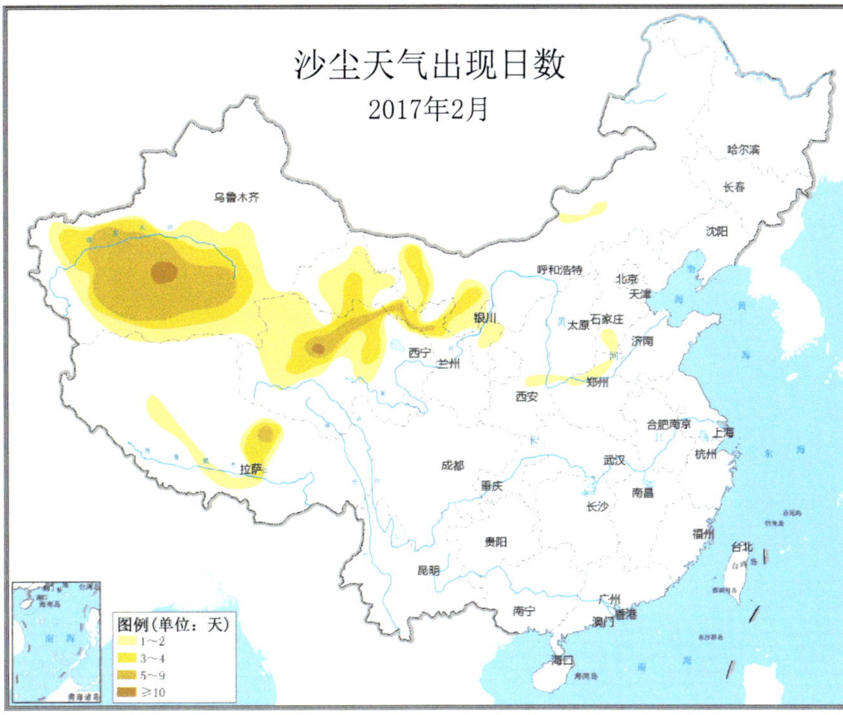
沙尘天气出现日数
2017年2月
乌鲁木齐
哈尔滨
长春
沈阳
呼和浩特
北京
天津
银川
太原
石家庄
济南
西宁
兰州
郑州
西安
合肥
南京
上海
拉萨
成都
武汉
杭州
重庆
南昌
长沙
福州
贵阳
台北
昆明
广州
南宁
香港
澳门
海口
图例（单位：天）
1～2
3～4
5～9
≥10

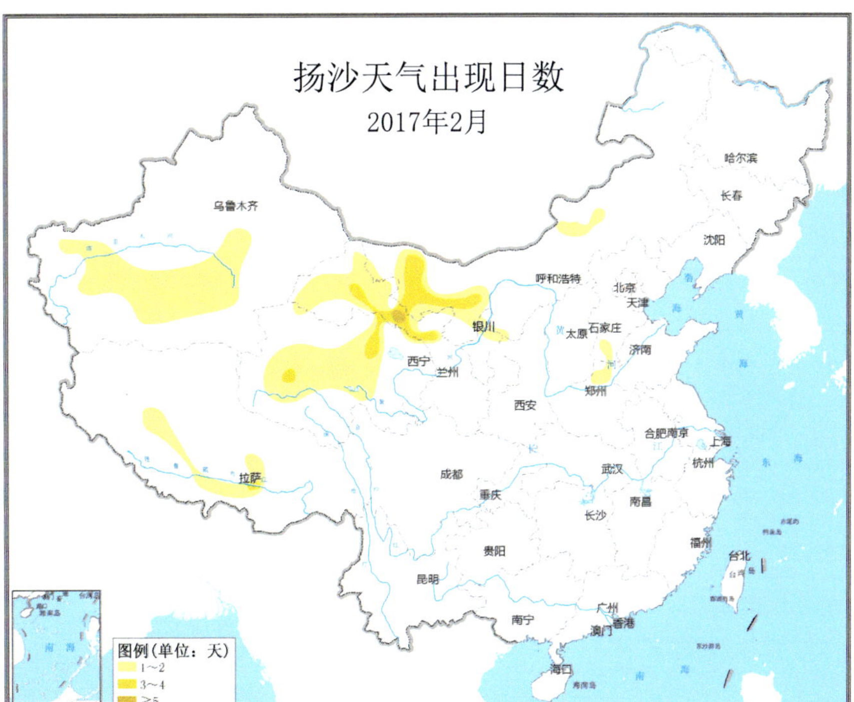
扬沙天气出现日数
2017年2月
乌鲁木齐
哈尔滨
长春
沈阳
呼和浩特
北京
天津
银川
太原
石家庄
济南
西宁
兰州
郑州
西安
合肥
南京
上海
拉萨
成都
武汉
杭州
重庆
南昌
长沙
福州
贵阳
台北
昆明
广州
南宁
香港
澳门
海口
图例（单位：天）
1～2
3～4
≥5

沙尘暴天气出现日数
2017年2月
乌鲁木齐
哈尔滨
长春
沈阳
呼和浩特
北京
天津
银川
太原
石家庄
西宁
兰州
济南
郑州
西安
合肥
南京
上海
拉萨
成都
武汉
杭州
重庆
南昌
长沙
福州
台北
贵阳
昆明
广州
南宁
香港
澳门
海口
图例(单位：天)
≥1

强沙尘暴天气出现日数
2017年2月
无强沙尘暴
乌鲁木齐
哈尔滨
长春
沈阳
呼和浩特
北京
天津
银川
太原
石家庄
济南
郑州
西安
合肥
南京
上海
拉萨
成都
武汉
杭州
重庆
南昌
长沙
福州
台北
贵阳
昆明
广州
南宁
香港
澳门
海口

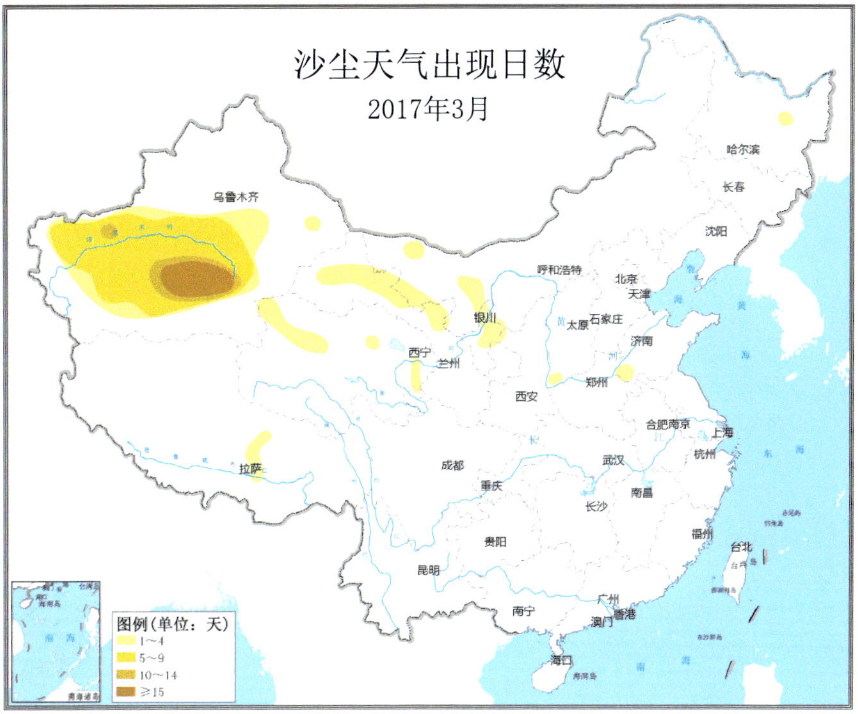
沙尘天气出现日数
2017年3月
乌鲁木齐
哈尔滨
长春
沈阳
呼和浩特
北京
天津
银川
太原
石家庄
济南
西宁
兰州
郑州
西安
合肥
南京
上海
杭州
武汉
拉萨
成都
重庆
长沙
南昌
福州
台北
贵阳
昆明
广州
南宁
澳门
香港
海口
图例(单位：天)
1~4
5~9
10~14
≥15

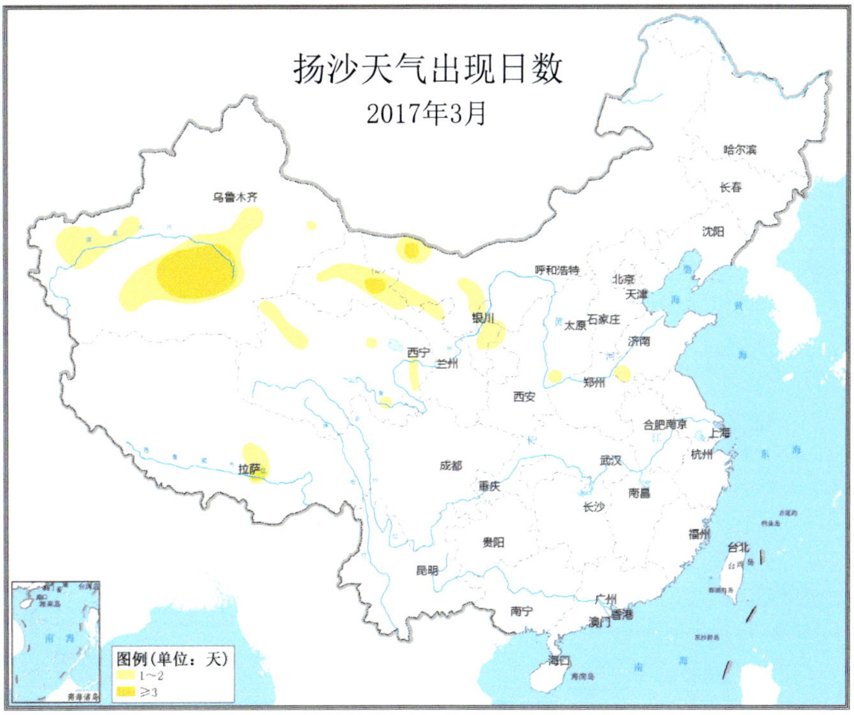
扬沙天气出现日数
2017年3月
乌鲁木齐
哈尔滨
长春
沈阳
呼和浩特
北京
天津
银川
太原
石家庄
济南
西宁
兰州
郑州
西安
合肥
南京
上海
杭州
武汉
拉萨
成都
重庆
长沙
南昌
福州
台北
贵阳
昆明
广州
南宁
澳门
香港
海口
图例(单位：天)
1~2
≥3

沙尘暴天气出现日数
2017年3月
乌鲁木齐
哈尔滨
长春
沈阳
呼和浩特
北京
天津
银川
太原
石家庄
济南
西宁
兰州
郑州
西安
合肥
南京
上海
拉萨
成都
武汉
杭州
重庆
南昌
长沙
福州
贵阳
台北
昆明
广州
南宁
澳门
香港
海口
图例(单位：天)
≥1

强沙尘暴天气出现日数
2017年3月
乌鲁木齐
哈尔滨
长春
沈阳
呼和浩特
北京
天津
银川
太原
石家庄
济南
西宁
兰州
郑州
西安
合肥
南京
上海
拉萨
成都
武汉
杭州
重庆
南昌
长沙
福州
贵阳
台北
昆明
广州
南宁
澳门
香港
海口
图例(单位：天)
≥1

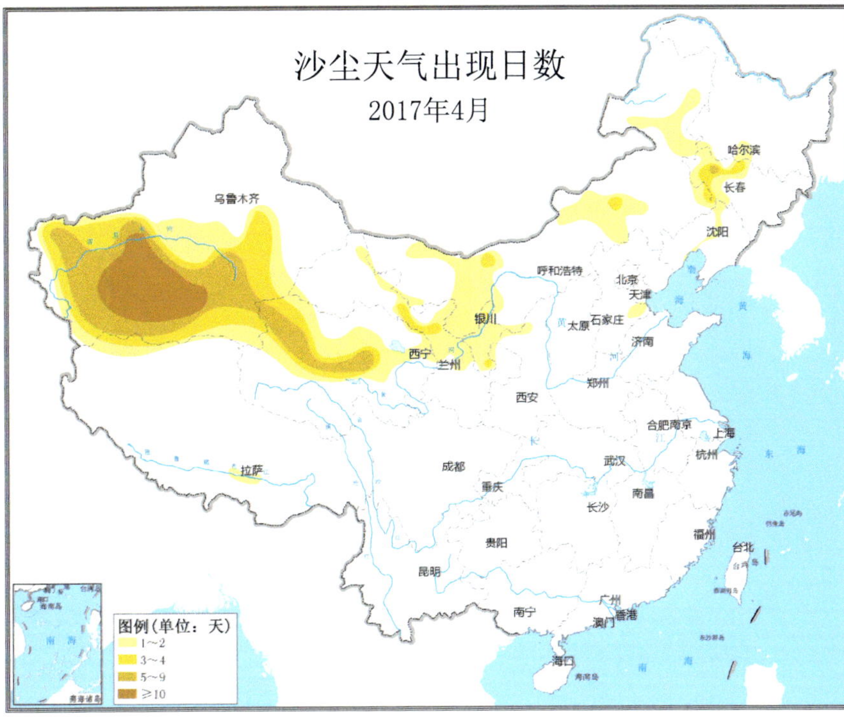
沙尘天气出现日数
2017年4月
乌鲁木齐
哈尔滨
长春
沈阳
呼和浩特
北京
天津
银川
太原
石家庄
济南
西宁
兰州
郑州
西安
合肥
南京
上海
杭州
拉萨
成都
武汉
重庆
南昌
长沙
福州
台北
贵阳
昆明
广州
南宁
澳门
香港
海口
图例（单位：天）
1～2
3～4
5～9
≥10

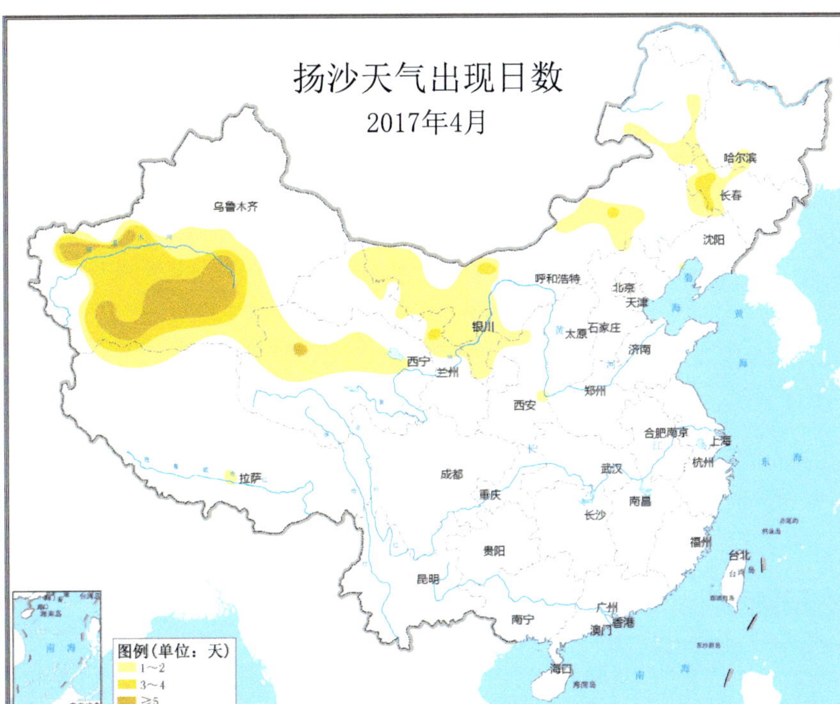
扬沙天气出现日数
2017年4月
乌鲁木齐
哈尔滨
长春
沈阳
呼和浩特
北京
天津
银川
太原
石家庄
济南
西宁
兰州
郑州
西安
合肥
南京
上海
杭州
拉萨
成都
武汉
重庆
南昌
长沙
福州
台北
贵阳
昆明
广州
南宁
澳门
香港
海口
图例（单位：天）
1～2
3～4
≥5

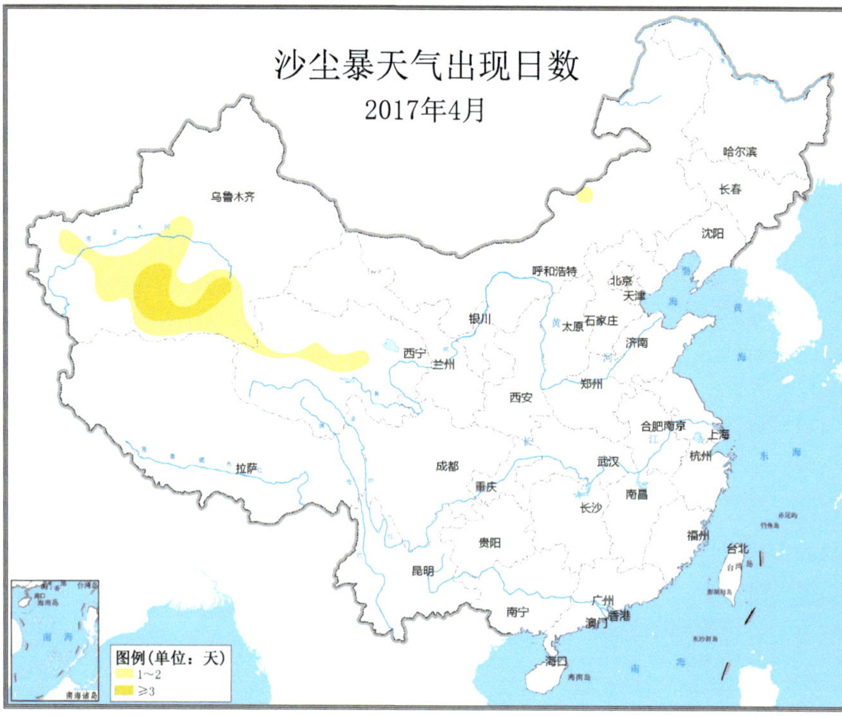
沙尘暴天气出现日数
2017年4月
乌鲁木齐
哈尔滨
长春
沈阳
呼和浩特
北京
天津
银川
太原
石家庄
济南
西宁
兰州
郑州
西安
合肥
南京
上海
杭州
拉萨
成都
武汉
重庆
长沙
南昌
福州
台北
贵阳
昆明
广州
南宁
澳门
香港
海口
图例(单位：天)
1~2
≥3

强沙尘暴天气出现日数
2017年4月
乌鲁木齐
哈尔滨
长春
沈阳
呼和浩特
北京
天津
银川
太原
石家庄
济南
西宁
兰州
郑州
西安
合肥
南京
上海
杭州
拉萨
成都
武汉
重庆
长沙
南昌
福州
台北
贵阳
昆明
广州
南宁
澳门
香港
海口
图例(单位：天)
1~2
≥3

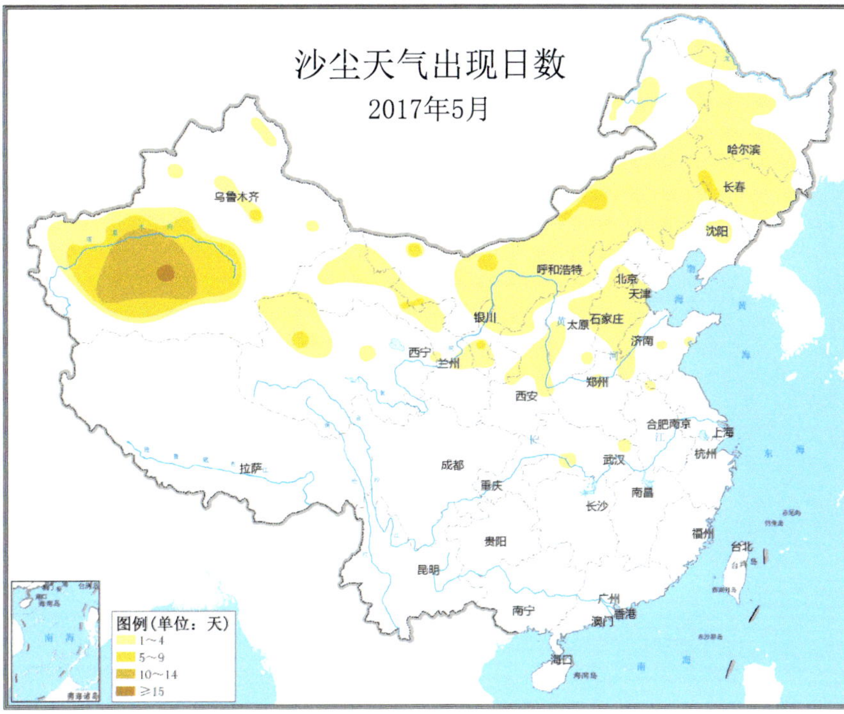
沙尘天气出现日数
2017年5月
图例(单位：天)
1～4
5～9
10～14
≥15
乌鲁木齐
哈尔滨
长春
沈阳
呼和浩特
北京
天津
银川
太原
石家庄
济南
西宁
兰州
郑州
西安
合肥
南京
上海
杭州
拉萨
成都
武汉
重庆
南昌
长沙
福州
台北
贵阳
昆明
广州
南宁
澳门
香港
海口

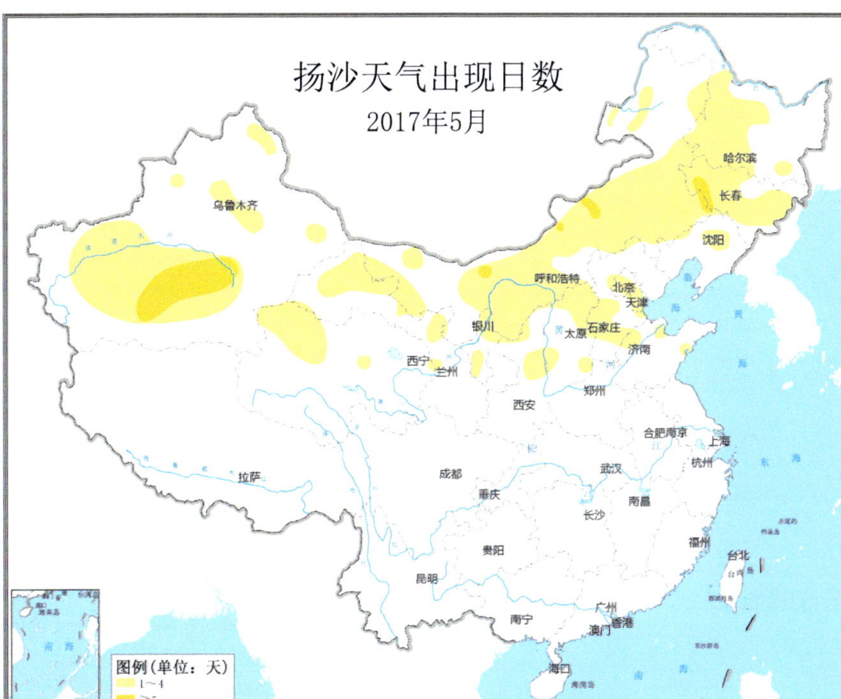
扬沙天气出现日数
2017年5月
图例(单位：天)
1～4
≥5
乌鲁木齐
哈尔滨
长春
沈阳
呼和浩特
北京
天津
银川
太原
石家庄
济南
西宁
兰州
郑州
西安
合肥
南京
上海
杭州
拉萨
成都
武汉
重庆
南昌
长沙
福州
台北
贵阳
昆明
广州
南宁
澳门
香港
海口

沙尘暴天气出现日数
2017年5月
乌鲁木齐
哈尔滨
长春
沈阳
呼和浩特
北京
天津
银川
太原
石家庄
济南
西宁
兰州
郑州
西安
合肥
南京
上海
杭州
拉萨
成都
武汉
重庆
南昌
长沙
福州
台北
贵阳
昆明
广州
南宁
澳门
香港
海口
图例(单位：天)
≥1

强沙尘暴天气出现日数
2017年5月
乌鲁木齐
哈尔滨
长春
沈阳
呼和浩特
北京
天津
银川
太原
石家庄
济南
西宁
兰州
郑州
西安
合肥
南京
上海
杭州
拉萨
成都
武汉
重庆
南昌
长沙
福州
台北
贵阳
昆明
广州
南宁
澳门
香港
海口
图例(单位：天)
≥1

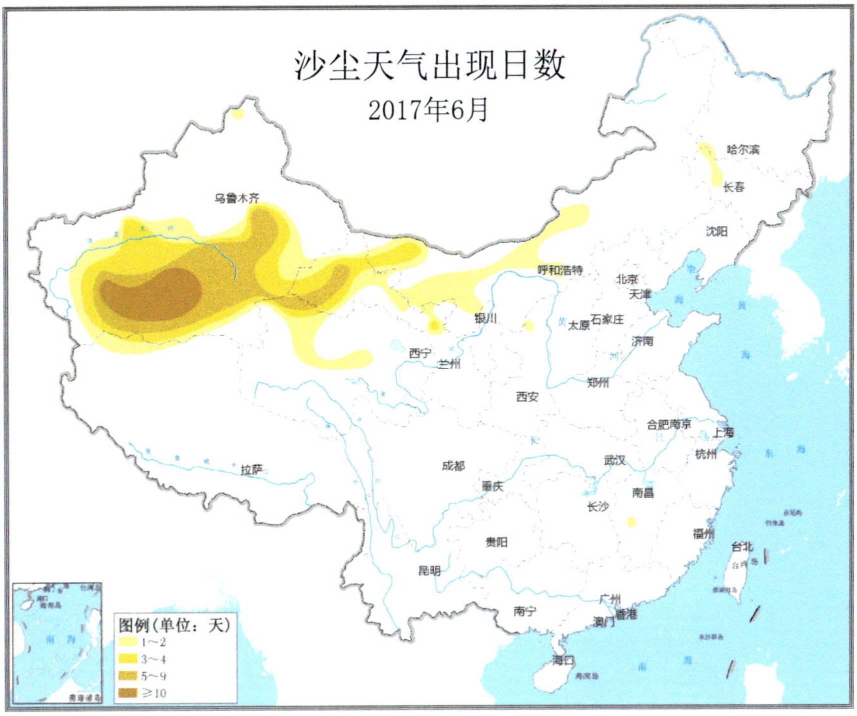
沙尘天气出现日数
2017年6月
图例(单位：天)
1～2
3～4
5～9
≥10
乌鲁木齐
哈尔滨
长春
沈阳
呼和浩特
北京
天津
银川
太原
石家庄
济南
西宁
兰州
郑州
西安
合肥
南京
上海
杭州
拉萨
成都
武汉
重庆
南昌
长沙
福州
台北
贵阳
昆明
广州
南宁
澳门
香港
海口

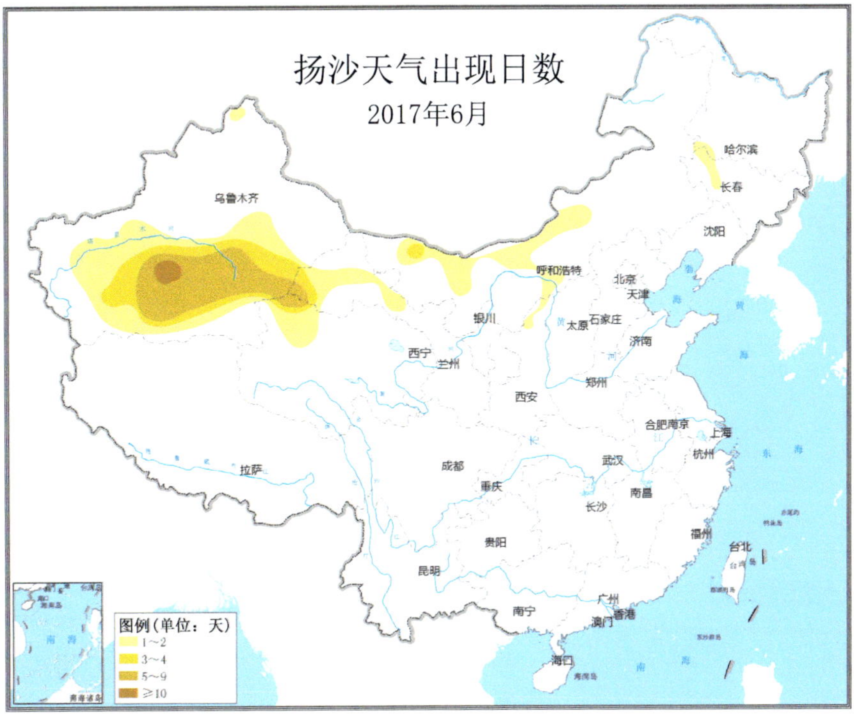
扬沙天气出现日数
2017年6月
图例(单位：天)
1～2
3～4
5～9
≥10
乌鲁木齐
哈尔滨
长春
沈阳
呼和浩特
北京
天津
银川
太原
石家庄
济南
西宁
兰州
郑州
西安
合肥
南京
上海
杭州
拉萨
成都
武汉
重庆
南昌
长沙
福州
台北
贵阳
昆明
广州
南宁
澳门
香港
海口

沙尘暴天气出现日数
2017年6月
乌鲁木齐
哈尔滨
长春
沈阳
呼和浩特
北京
天津
银川
太原
石家庄
济南
西宁
兰州
郑州
西安
合肥
南京
上海
杭州
拉萨
成都
武汉
重庆
南昌
长沙
福州
台北
贵阳
昆明
广州
南宁
澳门
香港
海口
图例(单位：天)
≥1

强沙尘暴天气出现日数
2017年6月
乌鲁木齐
哈尔滨
长春
沈阳
呼和浩特
北京
天津
银川
太原
石家庄
济南
无强沙尘暴
郑州
西安
合肥
南京
上海
杭州
拉萨
成都
武汉
重庆
南昌
长沙
福州
台北
贵阳
昆明
广州
南宁
澳门
香港
海口

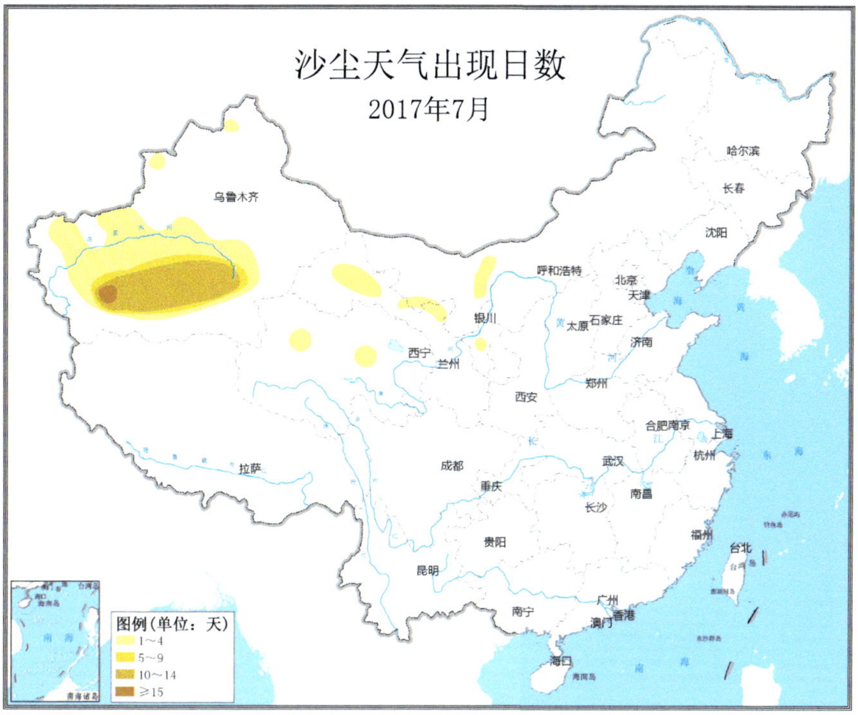
沙尘天气出现日数
2017年7月
乌鲁木齐
哈尔滨
长春
沈阳
呼和浩特
北京
天津
银川
太原
石家庄
济南
西宁
兰州
郑州
西安
合肥
南京
上海
杭州
拉萨
成都
武汉
重庆
南昌
长沙
贵阳
福州
台北
昆明
广州
南宁
香港
澳门
海口
图例(单位：天)
1～4
5～9
10～14
≥15

扬沙天气出现日数
2017年7月
乌鲁木齐
哈尔滨
长春
沈阳
呼和浩特
北京
天津
银川
太原
石家庄
济南
西宁
兰州
郑州
西安
合肥
南京
上海
杭州
拉萨
成都
武汉
重庆
南昌
长沙
贵阳
福州
台北
昆明
广州
南宁
香港
澳门
海口
图例(单位：天)
1～4
≥5

沙尘暴天气出现日数
2017年7月
乌鲁木齐
哈尔滨
长春
沈阳
呼和浩特
北京
天津
银川
太原
石家庄
济南
西宁
兰州
郑州
西安
合肥
南京
上海
杭州
拉萨
成都
武汉
重庆
南昌
长沙
福州
台北
贵阳
昆明
广州
南宁
澳门
香港
海口
图例(单位：天)
≥1

强沙尘暴天气出现日数
2017年7月
无强沙尘暴
乌鲁木齐
哈尔滨
长春
沈阳
呼和浩特
北京
天津
银川
太原
石家庄
济南
郑州
西安
合肥
南京
上海
杭州
拉萨
成都
武汉
重庆
南昌
长沙
福州
台北
贵阳
昆明
广州
南宁
澳门
香港
海口

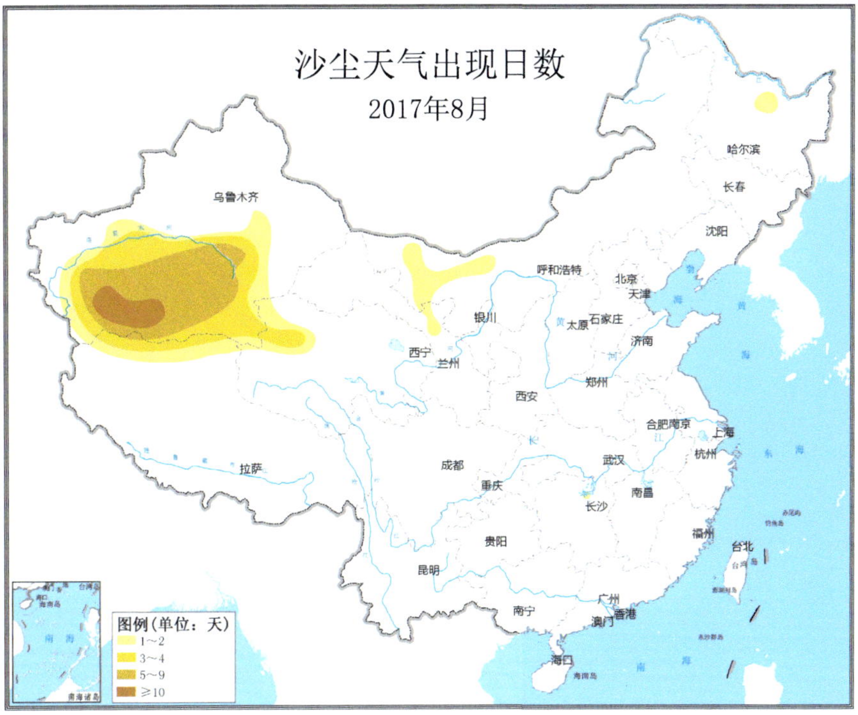
沙尘天气出现日数
2017年8月
图例（单位：天）
1～2
3～4
5～9
≥10
乌鲁木齐
哈尔滨
长春
沈阳
呼和浩特
北京
天津
银川
太原
石家庄
济南
西宁
兰州
郑州
西安
合肥
南京
上海
杭州
武汉
成都
重庆
长沙
南昌
福州
台北
贵阳
昆明
拉萨
南宁
广州
澳门
香港
海口

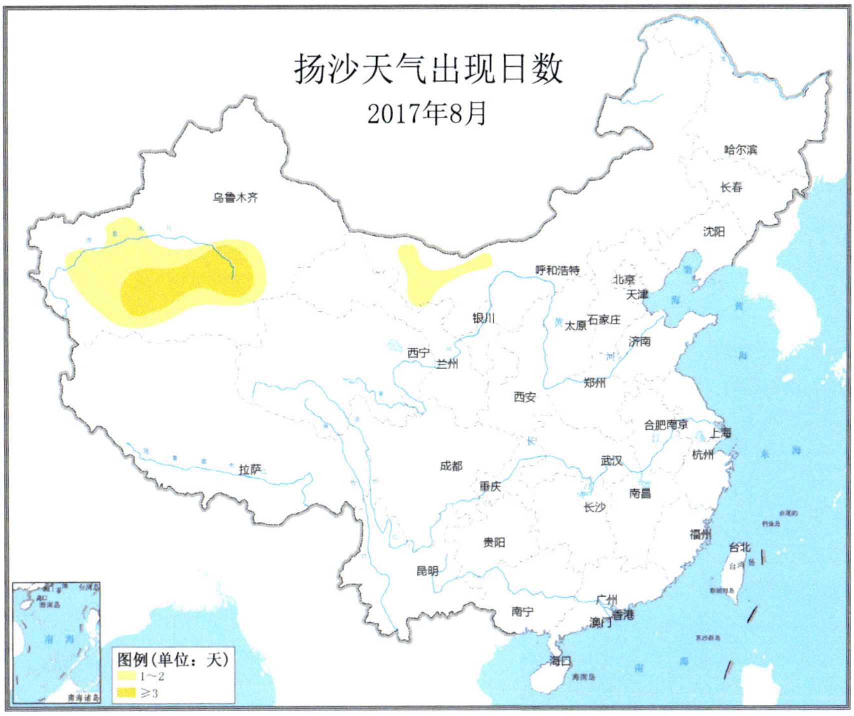
扬沙天气出现日数
2017年8月
图例（单位：天）
1～2
≥3
乌鲁木齐
哈尔滨
长春
沈阳
呼和浩特
北京
天津
银川
太原
石家庄
济南
西宁
兰州
郑州
西安
合肥
南京
上海
杭州
武汉
成都
重庆
长沙
南昌
福州
台北
贵阳
昆明
拉萨
南宁
广州
澳门
香港
海口

沙尘暴天气出现日数
2017年8月
乌鲁木齐
哈尔滨
长春
沈阳
呼和浩特
北京
天津
银川
太原
石家庄
西宁
兰州
济南
郑州
西安
合肥
南京
上海
成都
武汉
杭州
拉萨
重庆
南昌
长沙
福州
贵阳
台北
昆明
广州
南宁
澳门
香港
海口
图例(单位：天)
≥1

强沙尘暴天气出现日数
2017年8月
乌鲁木齐
哈尔滨
长春
沈阳
呼和浩特
北京
天津
银川
太原
石家庄
西宁
兰州
济南
郑州
西安
合肥
南京
上海
成都
武汉
杭州
拉萨
重庆
南昌
长沙
福州
贵阳
台北
昆明
广州
南宁
澳门
香港
海口
图例(单位：天)
≥1

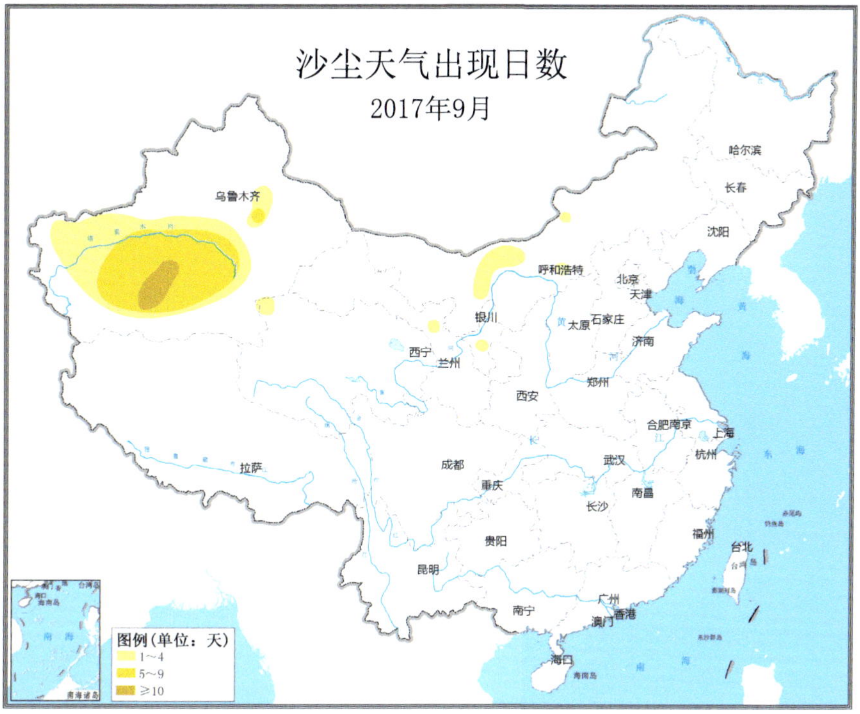
沙尘天气出现日数
2017年9月
乌鲁木齐
哈尔滨
长春
沈阳
呼和浩特
北京
天津
银川
太原
石家庄
济南
西宁
兰州
西安
郑州
合肥
南京
上海
杭州
拉萨
成都
武汉
重庆
南昌
长沙
福州
台北
贵阳
昆明
广州
南宁
澳门
香港
海口
南海诸岛
图例（单位：天）
1～4
5～9
≥10

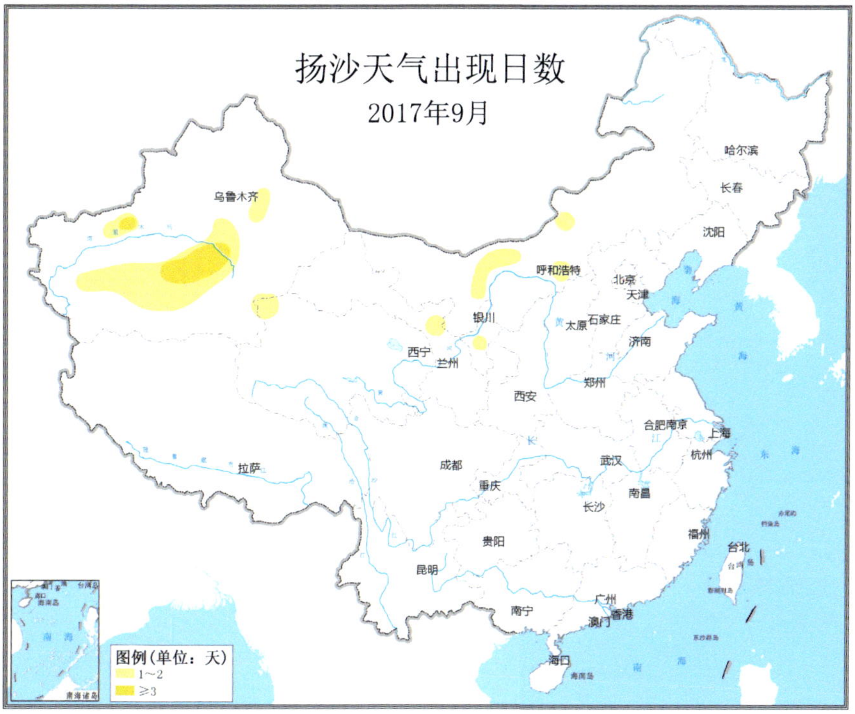
扬沙天气出现日数
2017年9月
乌鲁木齐
哈尔滨
长春
沈阳
呼和浩特
北京
天津
银川
太原
石家庄
济南
西宁
兰州
西安
郑州
合肥
南京
上海
杭州
拉萨
成都
武汉
重庆
南昌
长沙
福州
台北
贵阳
昆明
广州
南宁
澳门
香港
海口
南海诸岛
图例（单位：天）
1～2
≥3

沙尘暴天气出现日数
2017年9月
无沙尘暴
乌鲁木齐
哈尔滨
长春
沈阳
呼和浩特
北京
天津
银川
太原
石家庄
济南
郑州
西安
合肥
南京
上海
杭州
拉萨
成都
武汉
重庆
南昌
长沙
福州
台北
贵阳
昆明
广州
南宁
澳门
香港
海口
南海诸岛

强沙尘暴天气出现日数
2017年9月
无强沙尘暴
乌鲁木齐
哈尔滨
长春
沈阳
呼和浩特
北京
天津
银川
太原
石家庄
济南
郑州
西安
合肥
南京
上海
杭州
拉萨
成都
武汉
重庆
南昌
长沙
福州
台北
贵阳
昆明
广州
南宁
澳门
香港
海口
南海诸岛

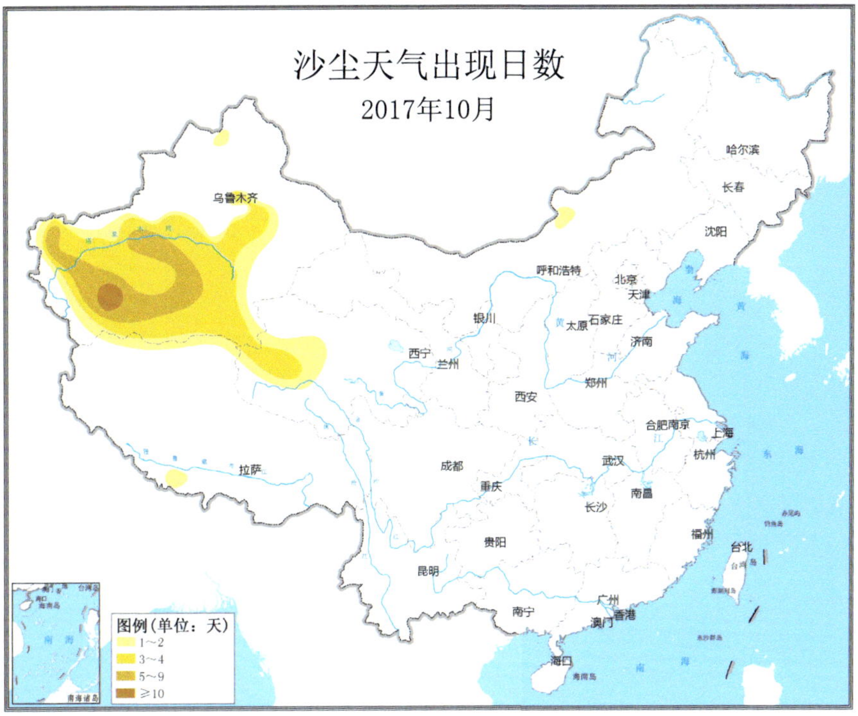
沙尘天气出现日数
2017年10月
乌鲁木齐
哈尔滨
长春
沈阳
呼和浩特
北京
天津
银川
石家庄
太原
济南
西宁
兰州
郑州
西安
合肥
南京
上海
杭州
拉萨
成都
武汉
重庆
南昌
长沙
福州
台北
贵阳
昆明
广州
南宁
澳门
香港
海口
图例(单位：天)
1~2
3~4
5~9
≥10

扬沙天气出现日数
2017年10月
乌鲁木齐
哈尔滨
长春
沈阳
呼和浩特
北京
天津
银川
石家庄
太原
济南
西宁
兰州
郑州
西安
合肥
南京
上海
杭州
拉萨
成都
武汉
重庆
南昌
长沙
福州
台北
贵阳
昆明
广州
南宁
澳门
香港
海口
图例(单位：天)
1~2
≥3

沙尘暴天气出现日数
2017年10月
无沙尘暴
乌鲁木齐
哈尔滨
长春
沈阳
呼和浩特
北京
天津
银川
太原
石家庄
济南
郑州
西安
合肥
南京
上海
杭州
武汉
成都
重庆
拉萨
长沙
南昌
福州
台北
贵阳
昆明
广州
南宁
澳门
香港
海口

强沙尘暴天气出现日数
2017年10月
无强沙尘暴
乌鲁木齐
哈尔滨
长春
沈阳
呼和浩特
北京
天津
银川
太原
石家庄
济南
郑州
西安
合肥
南京
上海
杭州
武汉
成都
重庆
拉萨
长沙
南昌
福州
台北
贵阳
昆明
广州
南宁
澳门
香港
海口

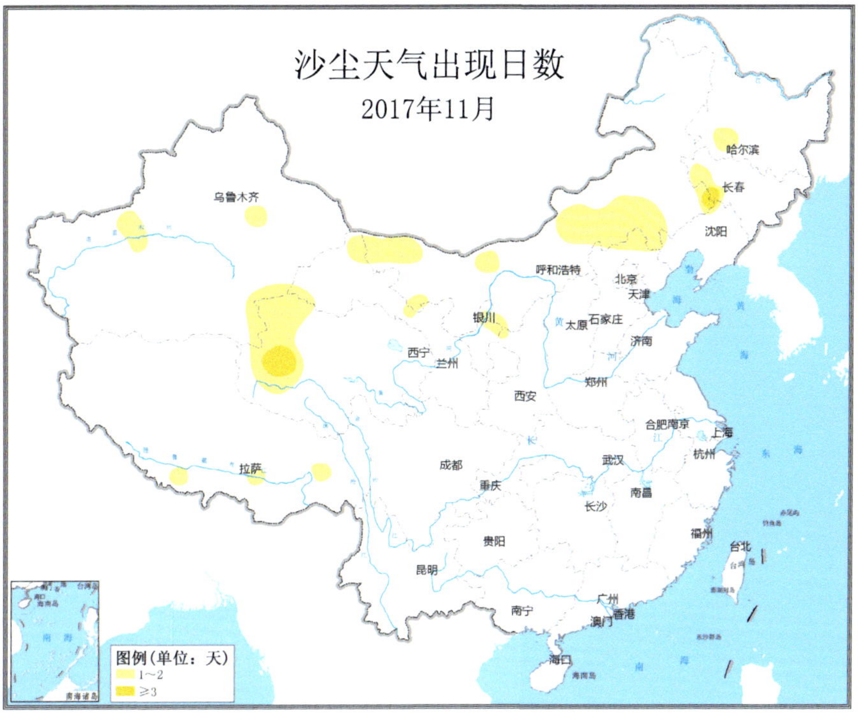

沙尘天气出现日数
2017年11月
乌鲁木齐
哈尔滨
长春
沈阳
呼和浩特
北京
天津
银川
石家庄
太原
济南
西宁
兰州
郑州
西安
合肥
南京
上海
杭州
拉萨
成都
武汉
重庆
南昌
长沙
福州
贵阳
台北
昆明
广州
南宁
澳门
香港
海口
海南岛
南海诸岛
图例(单位：天)
1~2
≥3

扬沙天气出现日数
2017年11月
乌鲁木齐
哈尔滨
长春
沈阳
呼和浩特
北京
天津
银川
石家庄
太原
济南
西宁
兰州
郑州
西安
合肥
南京
上海
杭州
拉萨
成都
武汉
重庆
南昌
长沙
福州
贵阳
台北
昆明
广州
南宁
澳门
香港
海口
海南岛
南海诸岛
图例(单位：天)
1~4
≥5

沙尘暴天气出现日数
2017年11月
无沙尘暴
乌鲁木齐
哈尔滨
长春
沈阳
呼和浩特
北京
天津
银川
太原
石家庄
济南
郑州
西安
合肥
南京
上海
杭州
武汉
拉萨
成都
重庆
长沙
南昌
福州
台北
贵阳
昆明
南宁
广州
香港
澳门
海口

强沙尘暴天气出现日数
2017年11月
无强沙尘暴
乌鲁木齐
哈尔滨
长春
沈阳
呼和浩特
北京
天津
银川
太原
石家庄
济南
郑州
西安
合肥
南京
上海
杭州
武汉
拉萨
成都
重庆
长沙
南昌
福州
台北
贵阳
昆明
南宁
广州
香港
澳门
海口

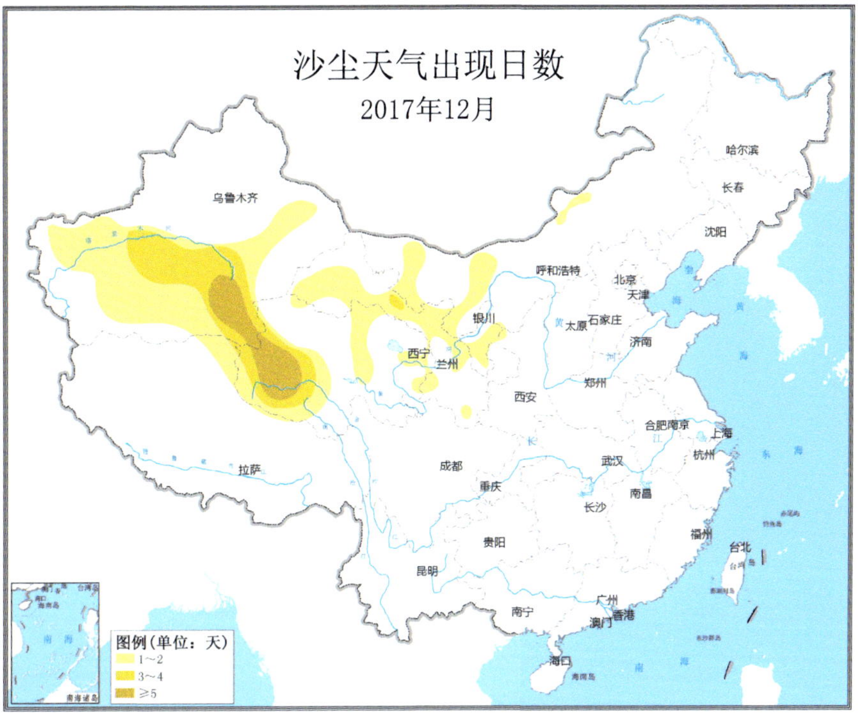
沙尘天气出现日数
2017年12月
乌鲁木齐
哈尔滨
长春
沈阳
呼和浩特
北京
天津
银川
太原
石家庄
济南
西宁
兰州
郑州
西安
合肥
南京
上海
杭州
拉萨
成都
武汉
重庆
南昌
长沙
福州
台北
贵阳
昆明
广州
南宁
澳门
香港
海口
图例(单位：天)
1~2
3~4
≥5

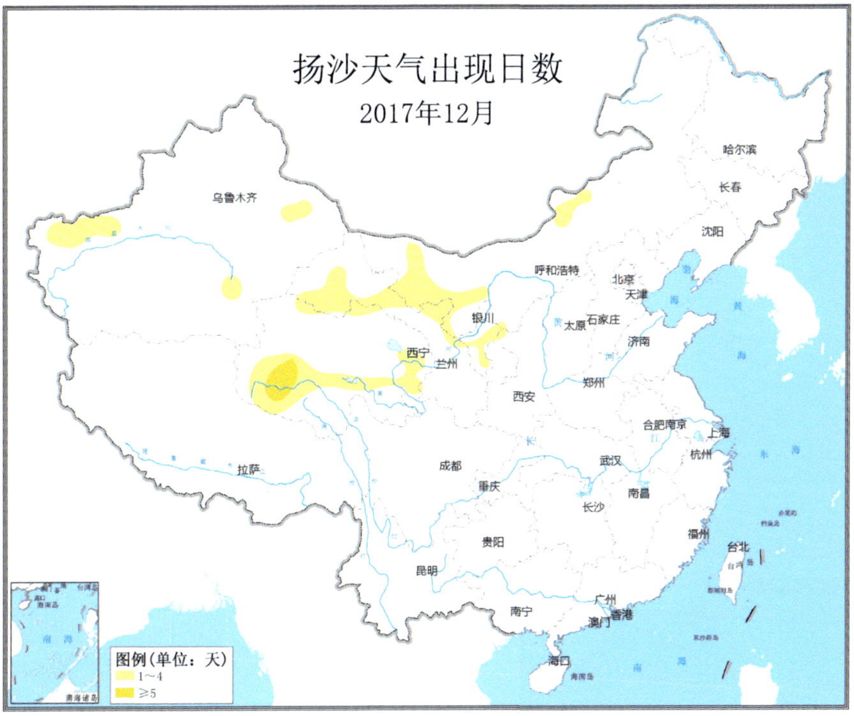
扬沙天气出现日数
2017年12月
乌鲁木齐
哈尔滨
长春
沈阳
呼和浩特
北京
天津
银川
太原
石家庄
济南
西宁
兰州
郑州
西安
合肥
南京
上海
杭州
拉萨
成都
武汉
重庆
南昌
长沙
福州
台北
贵阳
昆明
广州
南宁
澳门
香港
海口
图例(单位：天)
1~4
≥5

沙尘暴天气出现日数
2017年12月
乌鲁木齐
哈尔滨
长春
沈阳
呼和浩特
北京
天津
银川
太原
石家庄
济南
西宁
兰州
郑州
西安
合肥
南京
上海
拉萨
成都
武汉
杭州
重庆
南昌
长沙
贵阳
福州
台北
昆明
广州
南宁
澳门
香港
海口
图例（单位：天）
≥1

强沙尘暴天气出现日数
2017年12月
无强沙尘暴
乌鲁木齐
哈尔滨
长春
沈阳
呼和浩特
北京
天津
银川
太原
石家庄
济南
郑州
西安
合肥
南京
上海
拉萨
成都
武汉
杭州
重庆
南昌
长沙
贵阳
福州
台北
昆明
广州
南宁
澳门
香港
海口

# 5 2017年沙尘天气过程图表

## 5.1 1月25—26日扬沙天气过程

### 5.1.1 沙尘天气过程描述

| 起止时间 | 1月25—26日 |
|---|---|
| 类　型 | 扬沙天气过程 |
| 最大风速（单位：m/s）<br>及出现地点 | 13<br>甘肃：山丹 |
| 最小能见度（单位：km）<br>及出现地点 | 0.4<br>新疆：若羌 |
| 沙尘路径 | 偏西路径型 |
| 沙尘暴站点 | 新疆：若羌 |
| 强沙尘暴地点 | / |
| 影响系统 | 地面冷锋、蒙古气旋 |

### 5.1.2 沙尘天气范围图

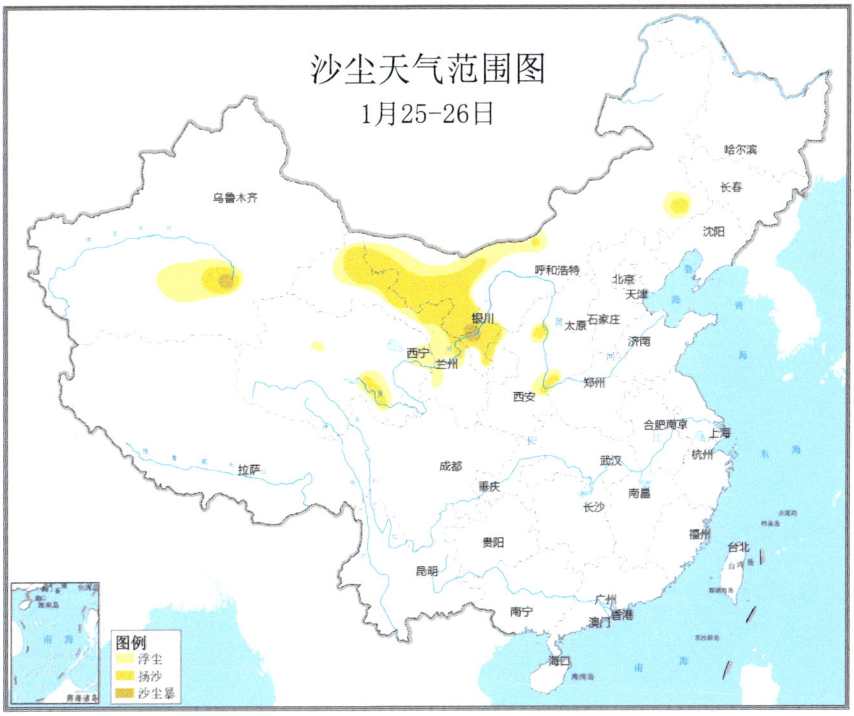

### 5.1.3 1月25日20时500 hPa环流形势图

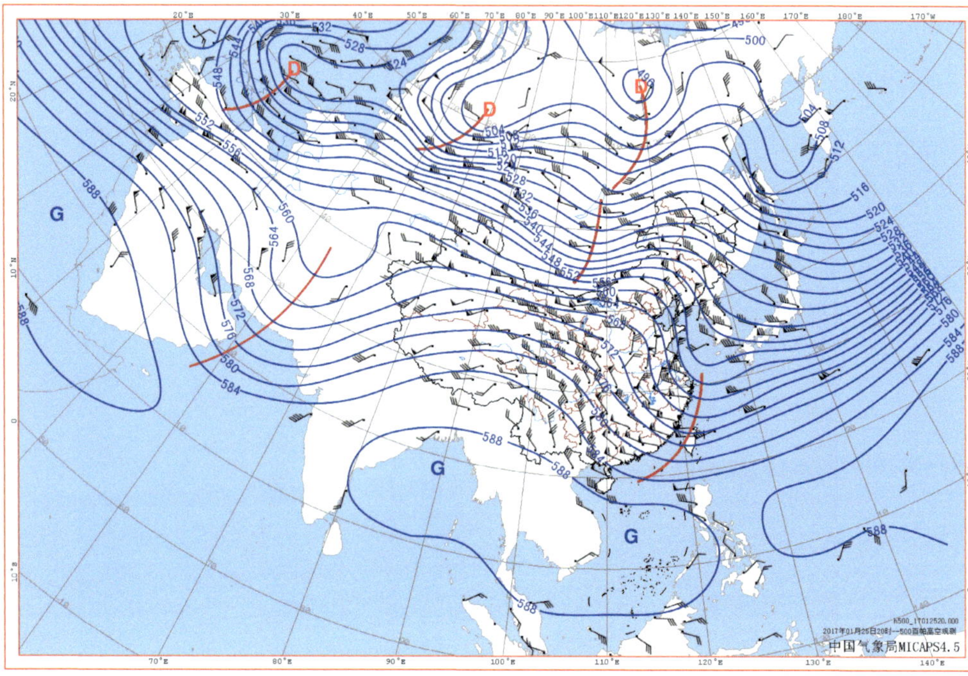


### 5.1.4 1月25日20时地面天气图

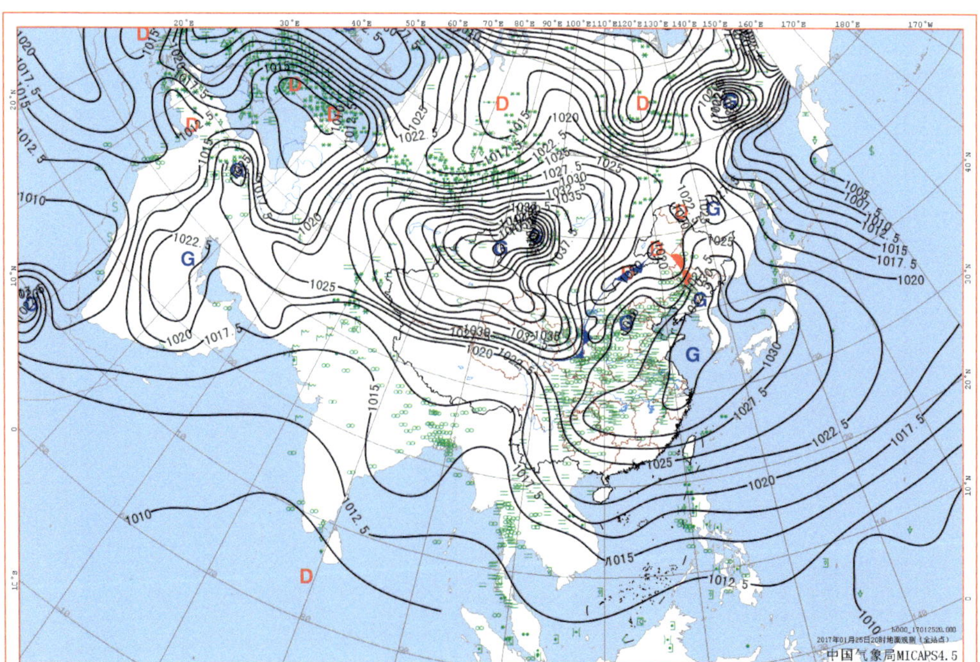

### 5.1.5 气象卫星监测图

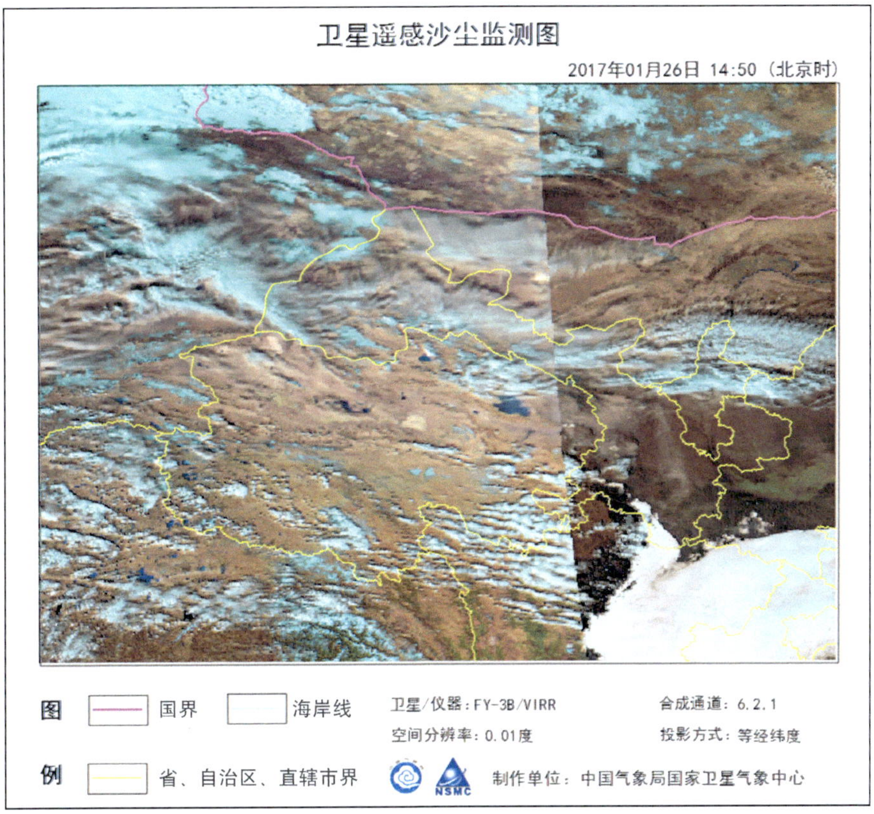


## 5.2 2月19—21日扬沙天气过程

### 5.2.1 沙尘天气过程描述

| 起止时间 | 2月19—21日 |
|---|---|
| 类　型 | 扬沙天气过程 |
| 最大风速（单位：m/s）及出现地点 | 16<br>新疆：库米什 |
| 最小能见度（单位：km）及出现地点 | 0.8<br>新疆：库米什、铁干里克 |
| 沙尘路径 | 偏西路径型 |
| 沙尘暴站点 | 新疆：库米什、铁干里克 |
| 强沙尘暴地点 | / |
| 影响系统 | 地面冷锋 |

### 5.2.2 沙尘天气范围图

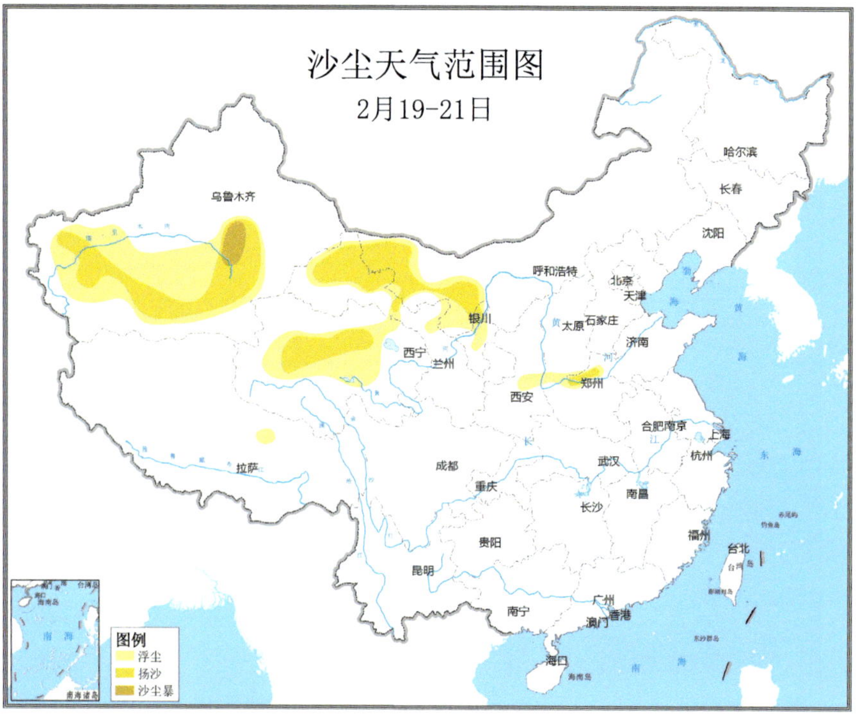


### 5.2.3 2月19日20时500 hPa环流形势图

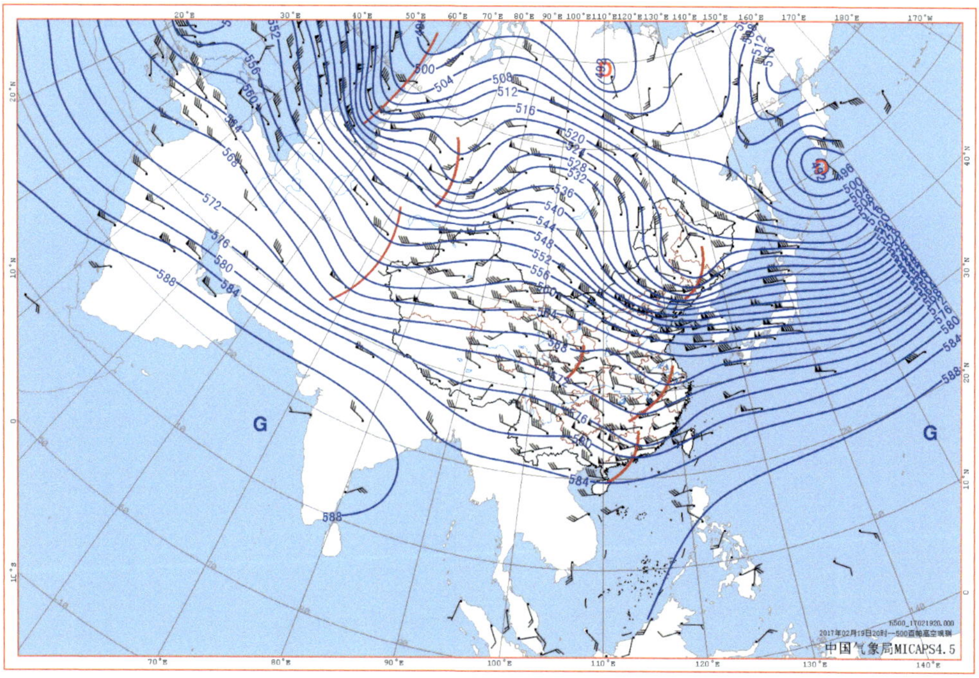

### 5.2.4 2月19日20时地面天气图

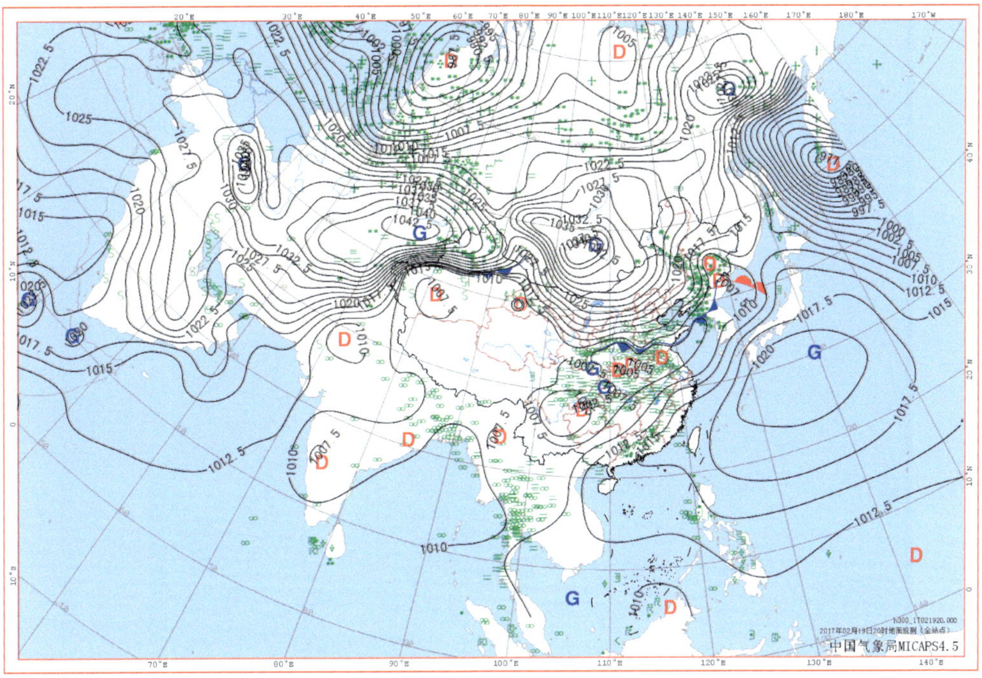


## 5.3 3月12日扬沙天气过程

### 5.3.1 沙尘天气过程描述

| 起止时间 | 3月12日 |
| --- | --- |
| 类　型 | 扬沙天气过程 |
| 最大风速（单位：m / s）<br>及出现地点 | 11<br>甘肃：安西、酒泉 |
| 最小能见度（单位：km）<br>及出现地点 | 2.3<br>内蒙古：额济纳旗 |
| 沙尘路径 | 西北路径型 |
| 沙尘暴范围 | / |
| 强沙尘暴地点 | / |
| 影响系统 | 地面冷锋 |

### 5.3.2 沙尘天气范围图

### 5.3.3 3 月 12 日 20 时 500 hPa 环流形势图

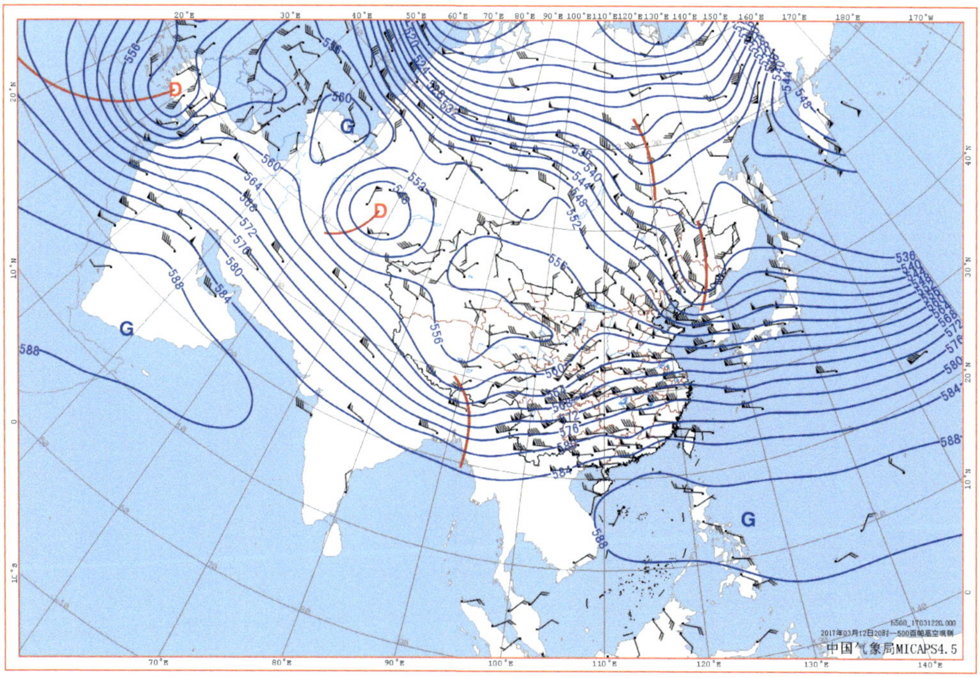

### 5.3.4 3 月 12 日 20 时地面天气图

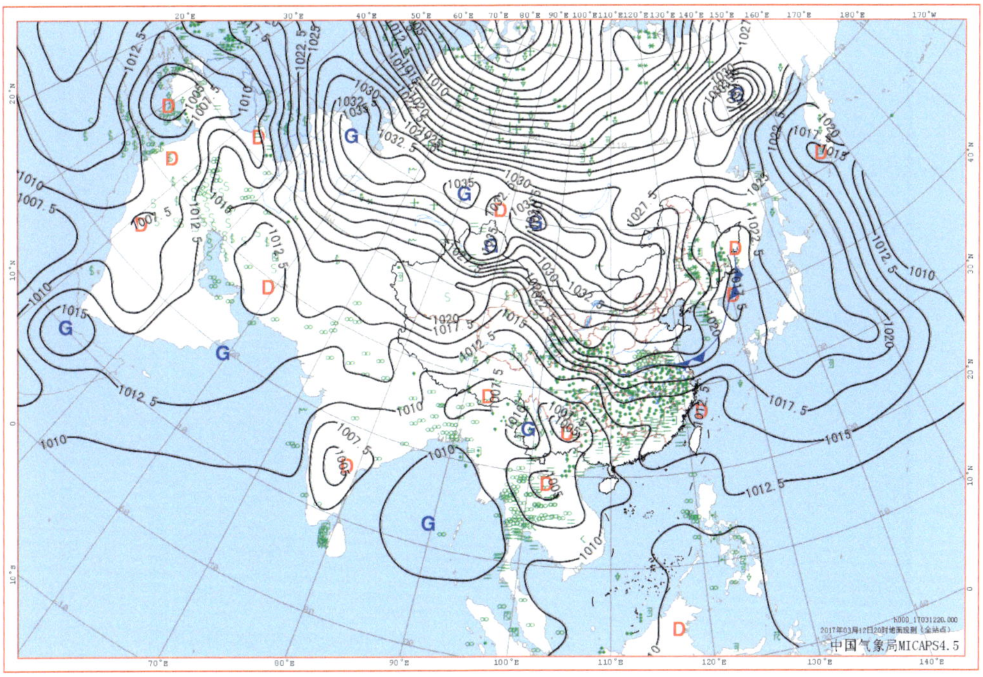

## 5.4 3月23日扬沙天气过程

### 5.4.1 沙尘天气过程描述

| 起止时间 | 3 月 23 日 |
|---|---|
| 类 型 | 扬沙天气过程 |
| 最大风速（单位：m / s）及出现地点 | 12<br>内蒙古：阿拉善右旗 |
| 最小能见度（单位：km）及出现地点 | 1. 1<br>甘肃：民勤 |
| 沙尘路径 | 西北路径型 |
| 沙尘暴范围 | / |
| 强沙尘暴地点 | / |
| 影响系统 | 地面冷锋 |

## 5.4.2 沙尘天气范围图

## 5.4.3 3 月 23 日 20 时 500 hPa 环流形势图

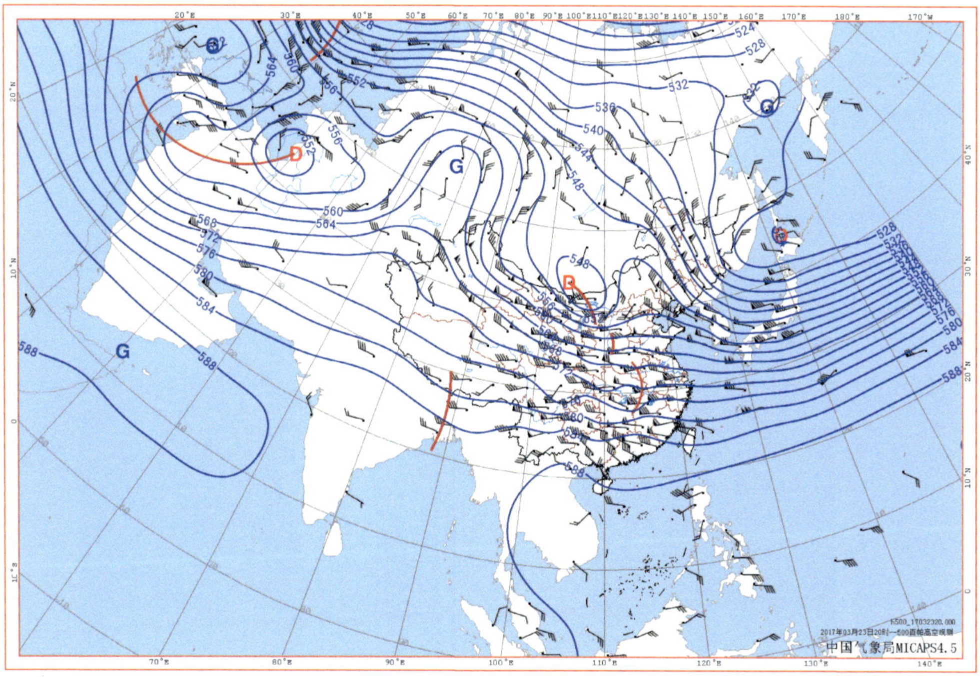

### 5.4.4 3月23日20时地面天气图

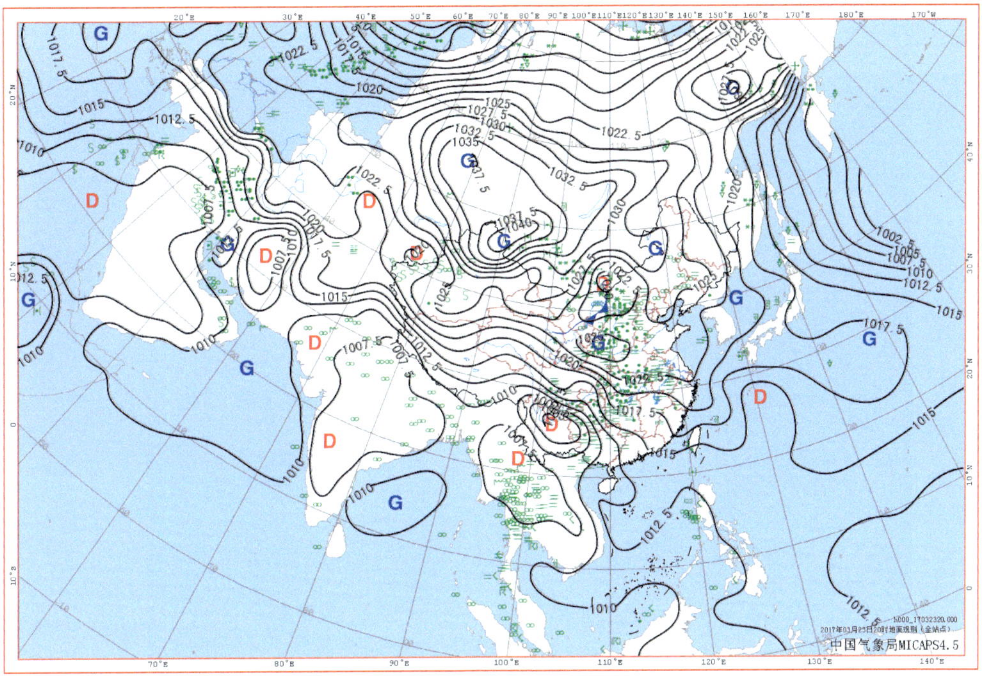


### 5.4.5 气象卫星监测图

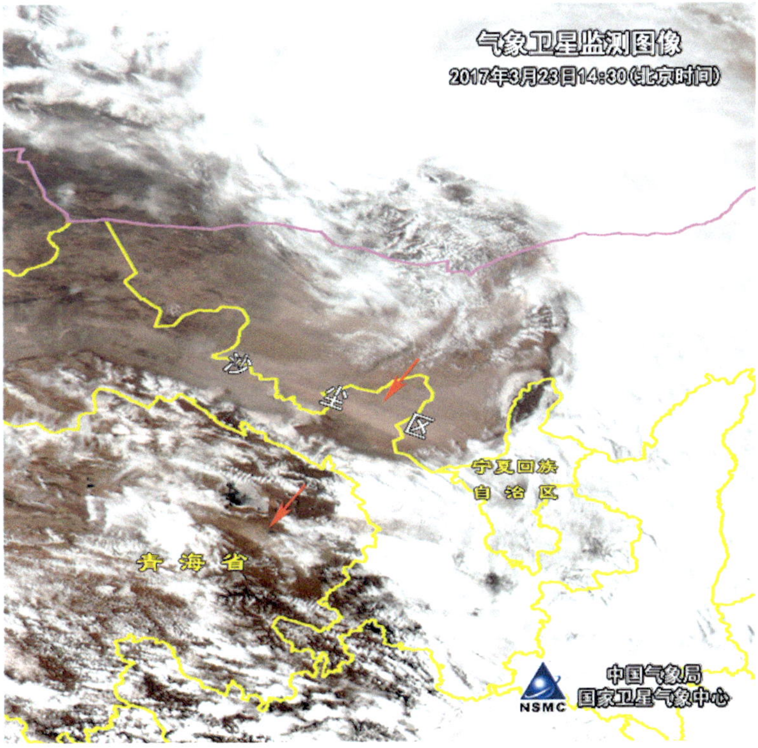

## 5.5 4月17日扬沙天气过程

### 5.5.1 沙尘天气过程描述

| 起止时间 | 4 月 17 日 |
|---|---|
| 类　型 | 扬沙天气过程 |
| 最大风速（单位：m / s）<br>及出现地点 | 16<br>内蒙古：阿巴嘎旗 |
| 最小能见度（单位：km）<br>及出现地点 | 1.3<br>甘肃：民勤、武威 |
| 沙尘路径 | 西北路径型 |
| 沙尘暴范围 | / |
| 强沙尘暴地点 | / |
| 影响系统 | 地面冷锋、蒙古气旋 |

### 5.5.2 沙尘天气范围图

### 5.5.3 4 月 17 日 20 时 500 hPa 环流形势图

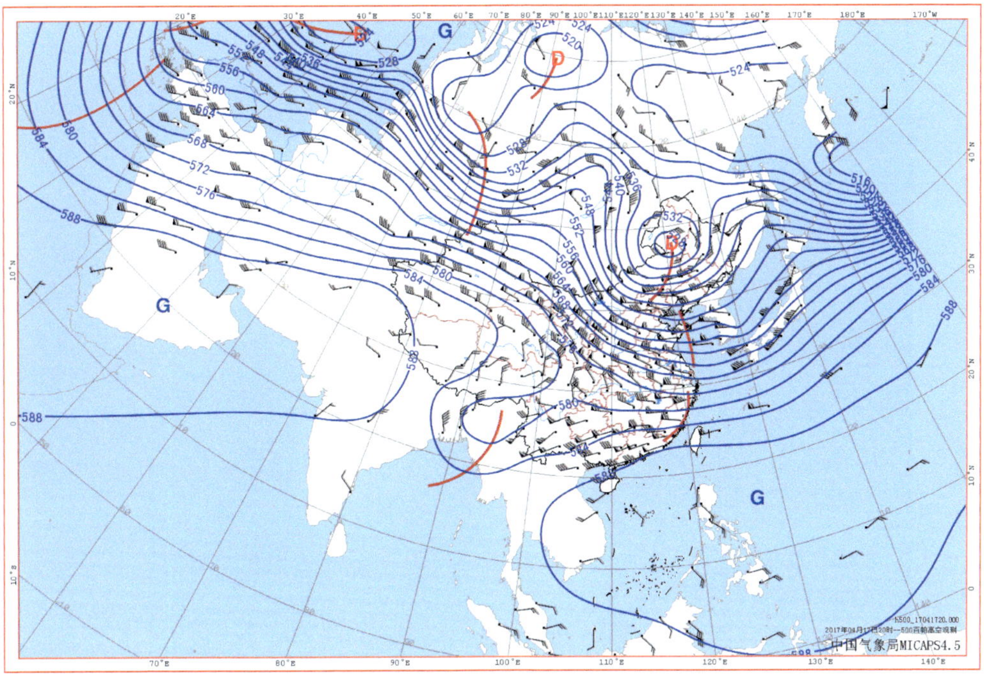


### 5.5.4 4 月 17 日 20 时地面天气图

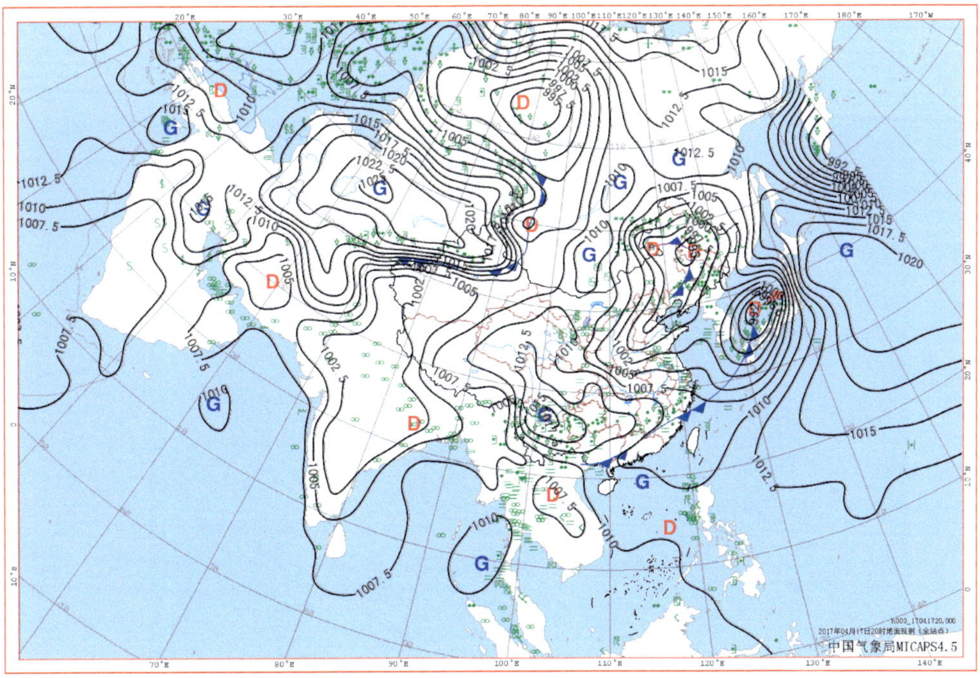

### 5.5.5 气象卫星监测图

## 5.6 4月19日扬沙天气过程

### 5.6.1 沙尘天气过程描述

| 起止时间 | 4 月 19 日 |
|---|---|
| 类 型 | 扬沙天气过程 |
| 最大风速（单位：m / s）及出现地点 | 18<br>内蒙古：二连浩特 |
| 最小能见度（单位：km）及出现地点 | 0.3<br>新疆：塔中、且末、若羌 |
| 沙尘路径 | 偏西路径型 |
| 沙尘暴范围 | 新疆南疆盆地东部、内蒙古中部局地 |
| 强沙尘暴地点 | 新疆：塔中、且末、若羌 |
| 影响系统 | 地面冷锋 |

### 5.6.2 沙尘天气范围图

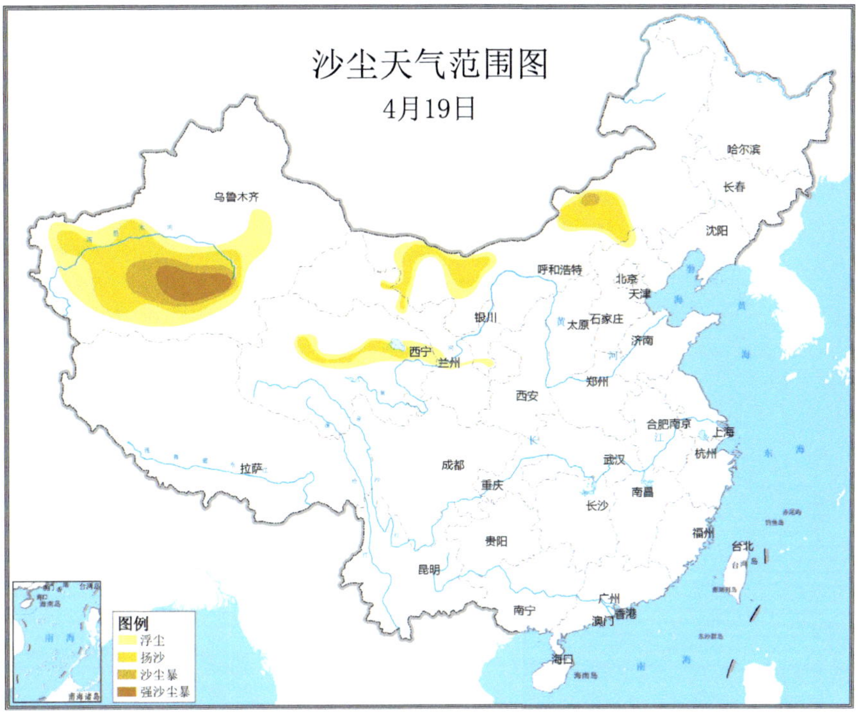


### 5.6.3 4月19日20时500 hPa环流形势图

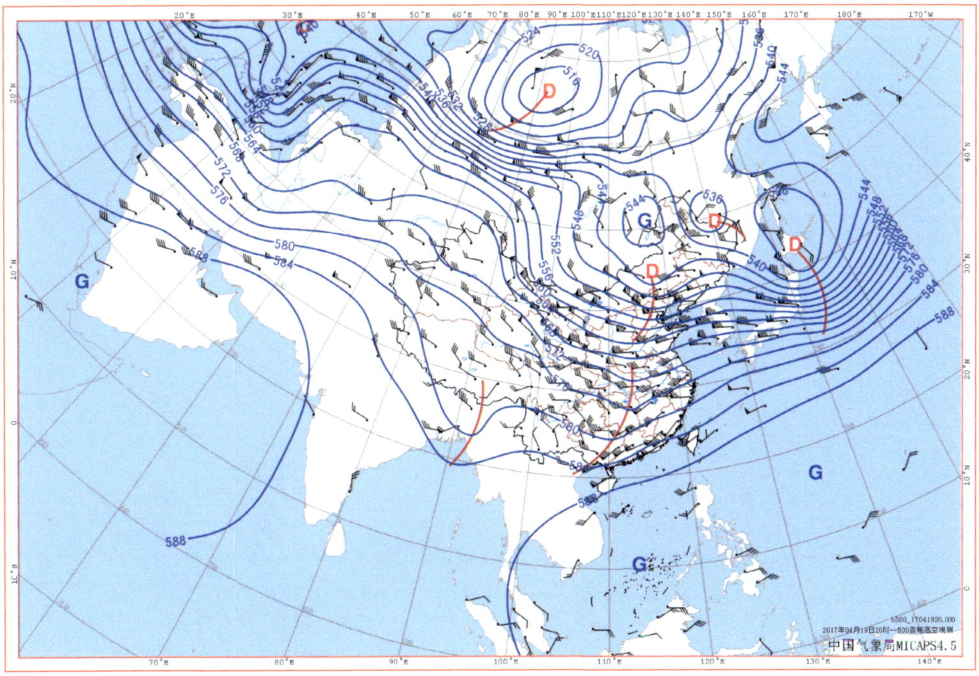

## 5.6.4 4月19日20时地面天气图

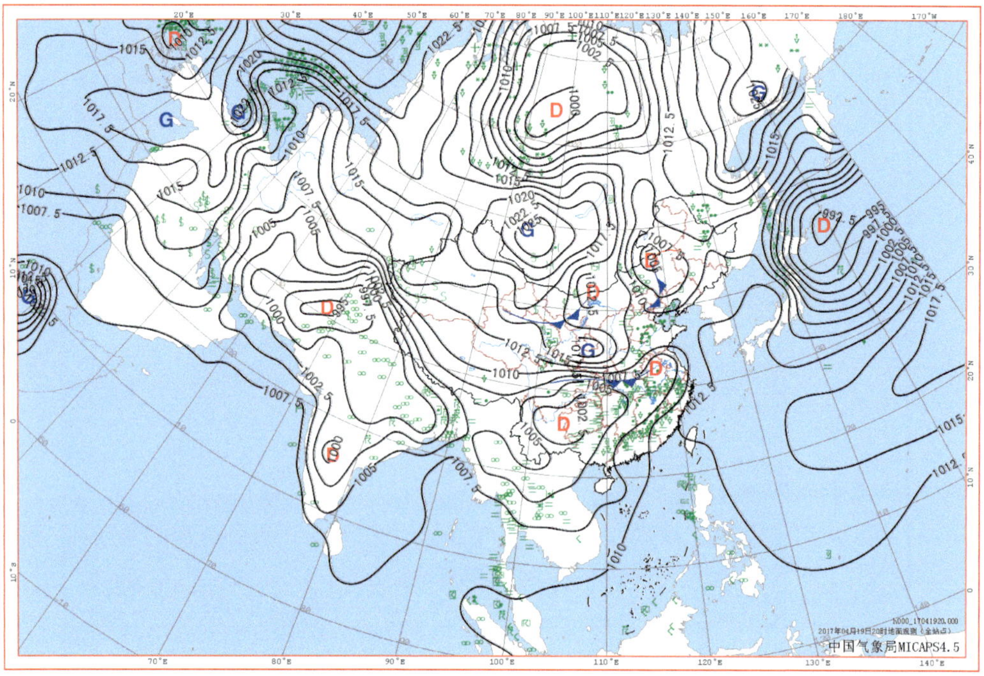


## 5.6.5 气象卫星监测图

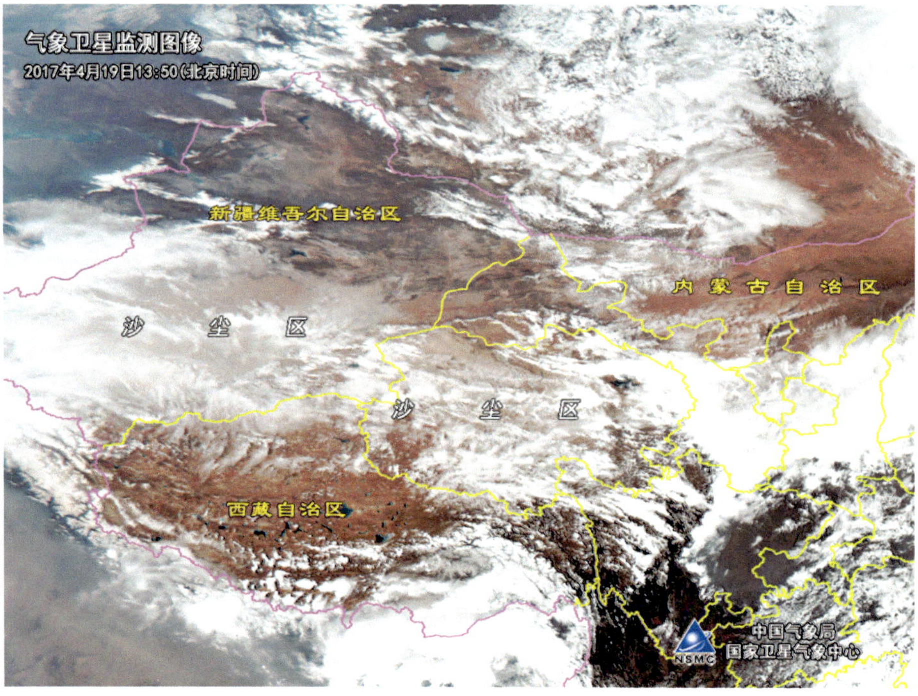

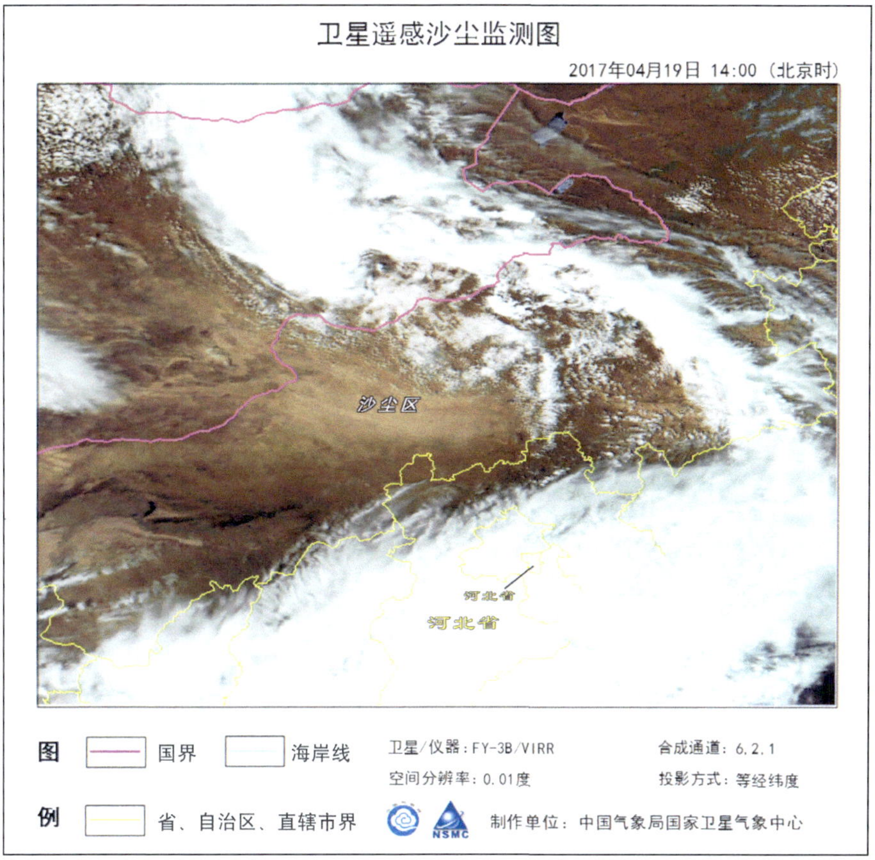


## 5.7 5月3—7日沙尘暴天气过程

### 5.7.1 沙尘天气过程描述

| 起止时间 | 5月3—7日 |
|---|---|
| 类　型 | 沙尘暴天气过程 |
| 最大风速（单位：m/s）及出现地点 | 19<br>内蒙古：二连浩特、阿巴嘎旗 |
| 最小能见度（单位：km）及出现地点 | 0.3<br>内蒙古：那仁宝力格、新巴尔虎右旗 |
| 沙尘路径 | 偏北路径型 |
| 沙尘暴范围 | 内蒙古部分地区 |
| 强沙尘暴地点 | 内蒙古：海力素、那仁宝力格、新巴尔虎左旗、新巴尔虎右旗 |
| 影响系统 | 地面冷锋、蒙古气旋 |

### 5.7.2 沙尘天气范围图

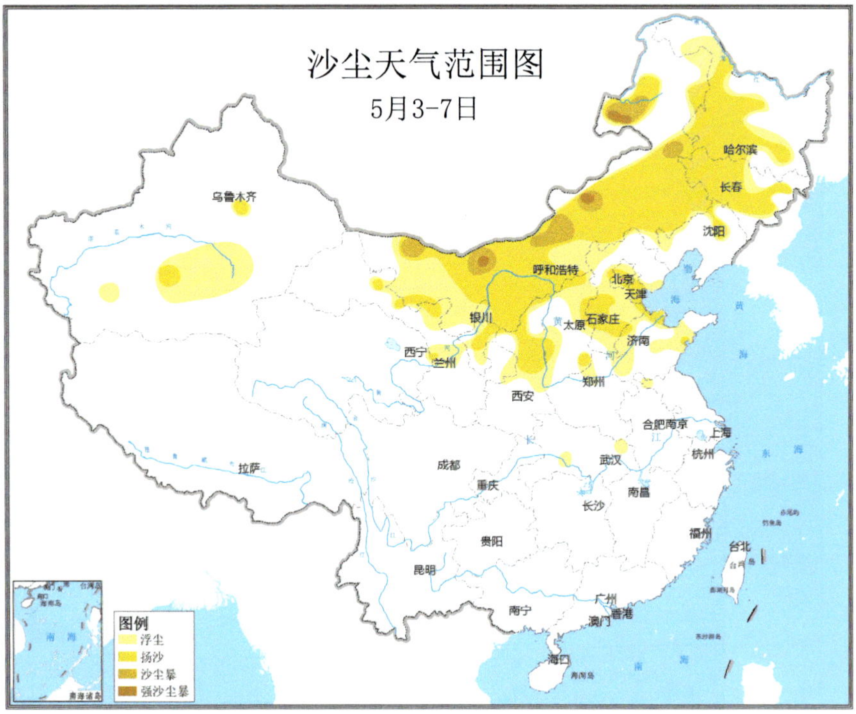


### 5.7.3 5 月 5 日 08 时 500 hPa 环流形势图

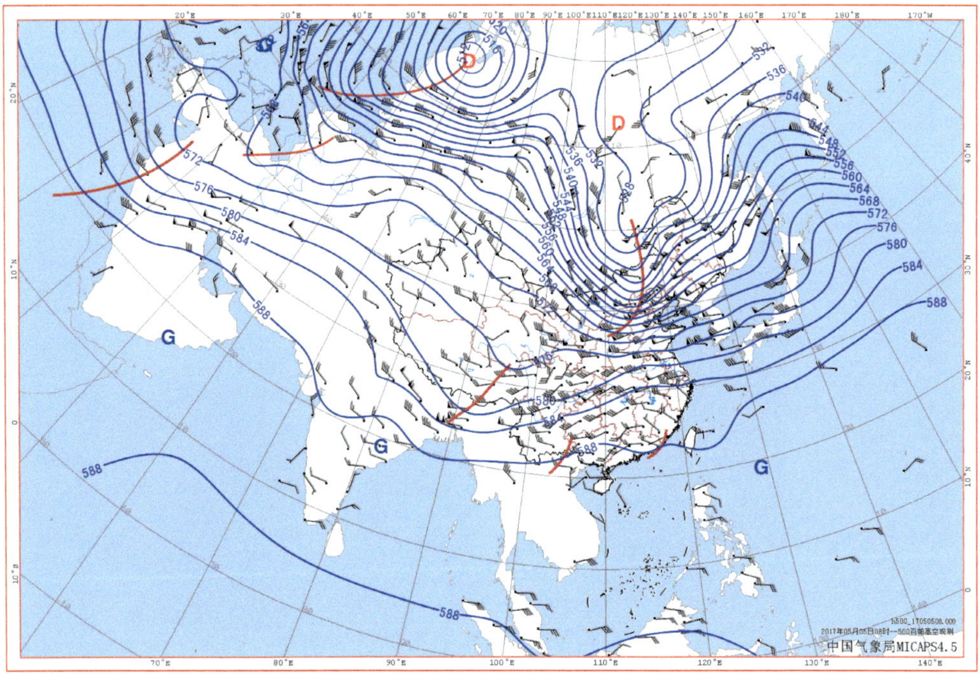

## 5.7.4 5月5日08时地面天气图

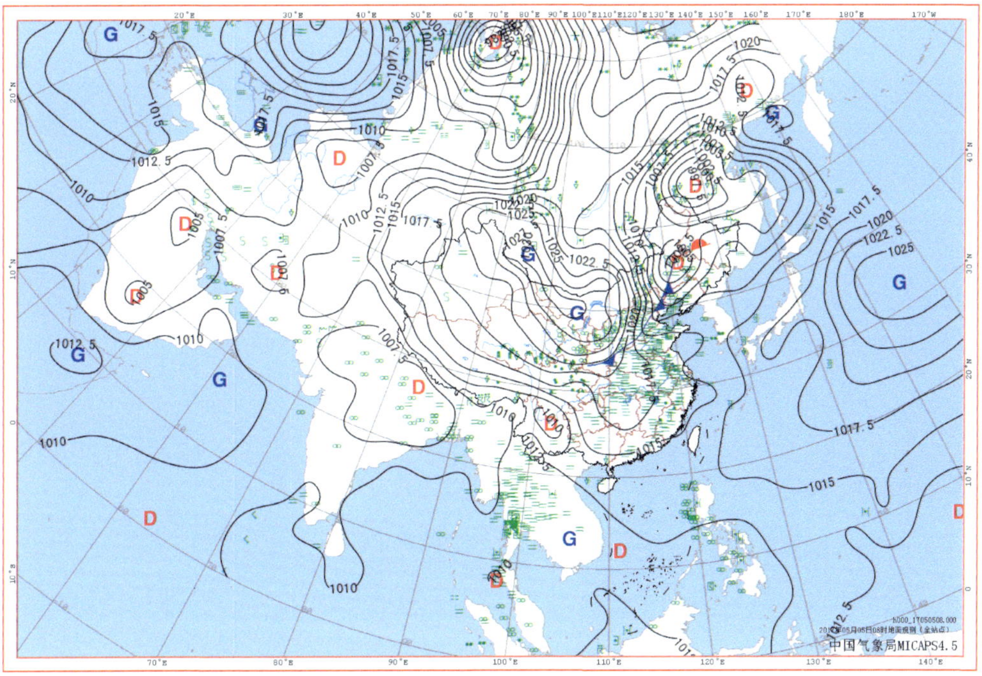

## 5.7.5 气象卫星监测图

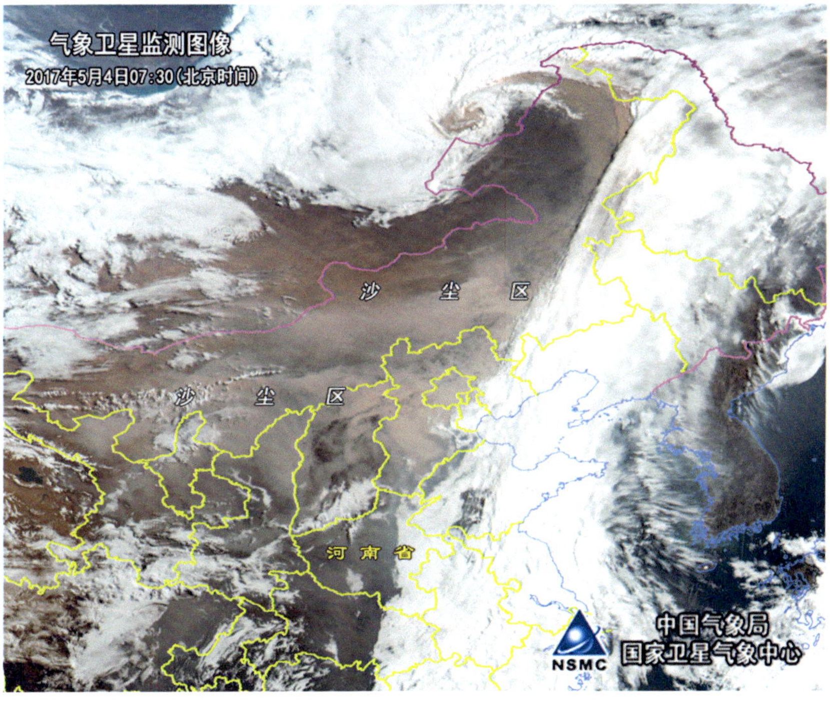

## 5.8 5月28—29日扬沙天气过程

### 5.8.1 沙尘天气过程描述

| 起止时间 | 5 月 28—29 日 |
| --- | --- |
| 类　　型 | 扬沙天气过程 |
| 最大风速（单位：m / s）<br>及出现地点 | 11<br>新疆：十三间房 |
| 最小能见度（单位：km）<br>及出现地点 | 0.8<br>新疆：民丰 |
| 沙尘路径 | 偏西路径型 |
| 沙尘暴地点 | 新疆：民丰 |
| 强沙尘暴地点 | / |
| 影响系统 | 地面冷锋 |

### 5.8.2 沙尘天气范围图

### 5.8.3 5月29日08时500 hPa环流形势图

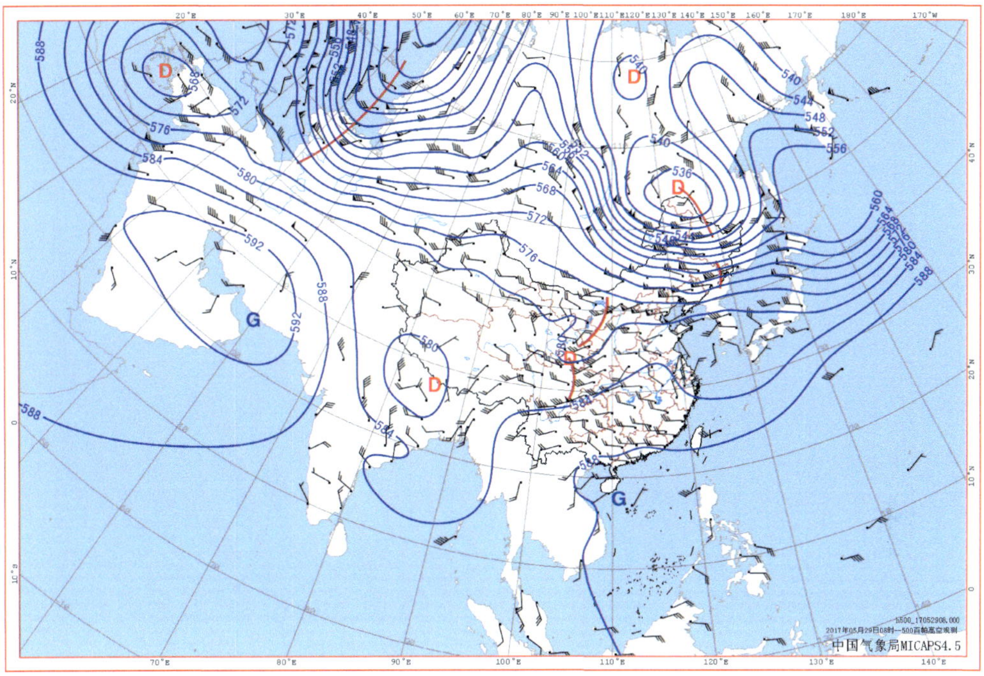

### 5.8.4 5月29日08时地面天气图

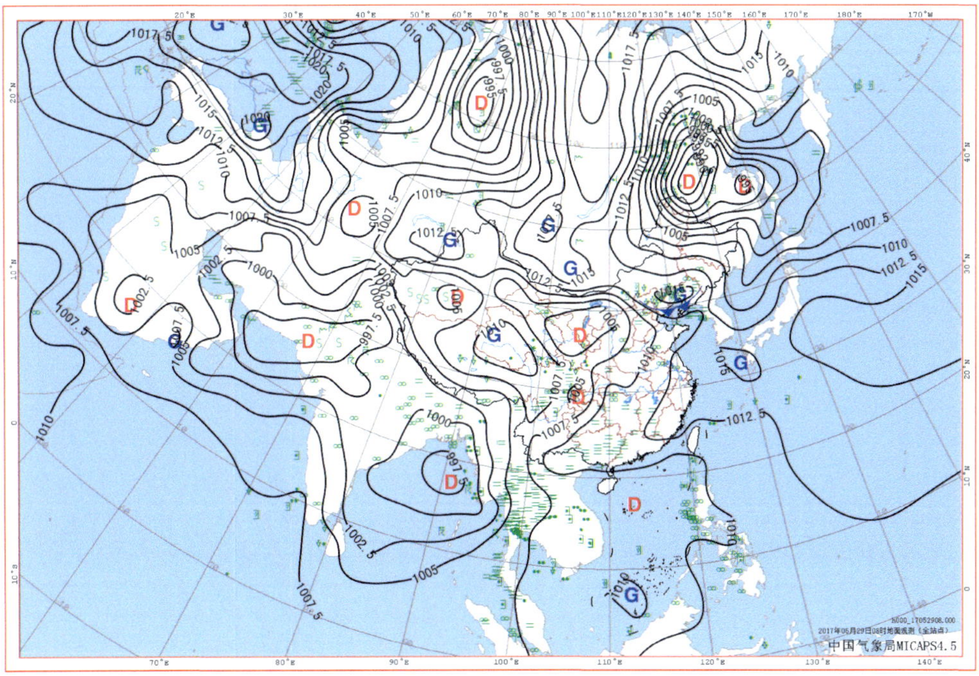

### 5.8.5 气象卫星监测图

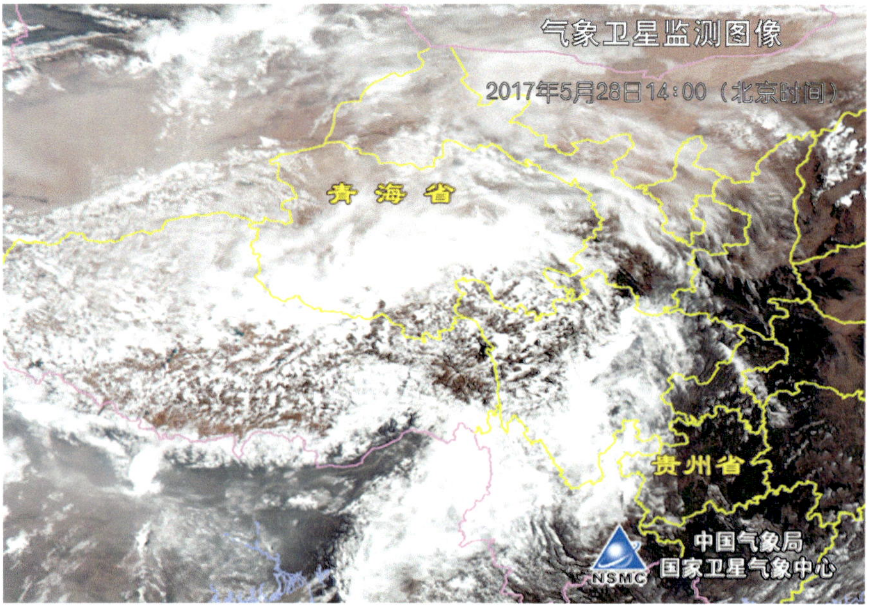


## 5.9 12月28—29日扬沙天气过程

### 5.9.1 沙尘天气过程描述

| 起止时间 | 12 月 28—29 日 |
|---|---|
| 类　　型 | 扬沙天气过程 |
| 最大风速（单位：m/s）<br>及出现地点 | 13<br>甘肃：张掖 |
| 最小能见度（单位：km）<br>及出现地点 | 0.9<br>甘肃：张掖 |
| 沙尘路径 | 西北路径型 |
| 沙尘暴地点 | 甘肃：张掖 |
| 强沙尘暴地点 | / |
| 影响系统 | 地面冷锋 |

### 5.9.2 沙尘天气范围图

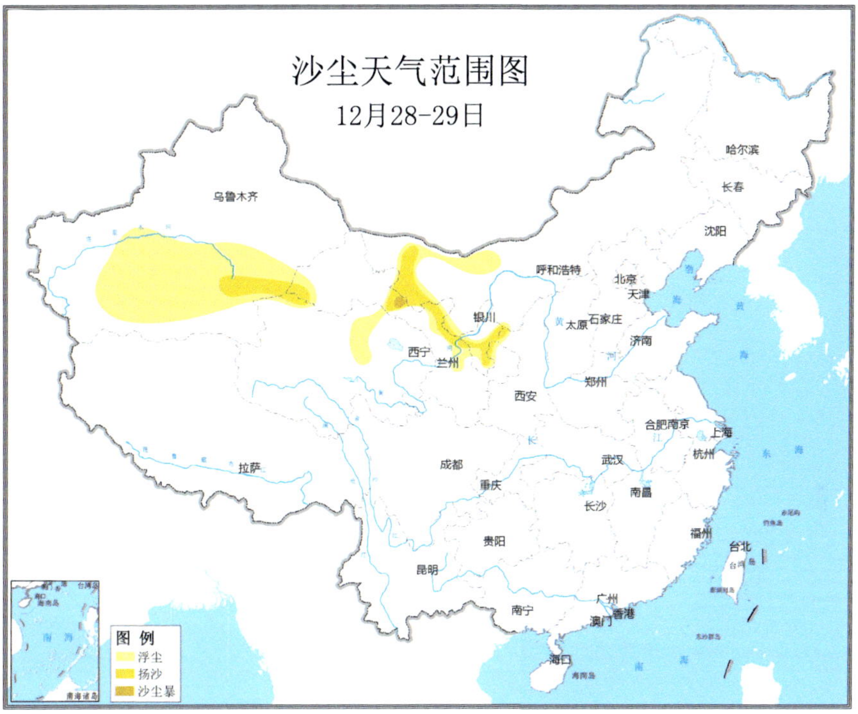


### 5.9.3 2017 年 12 月 28 日 20 时 500 hPa 环流形势图

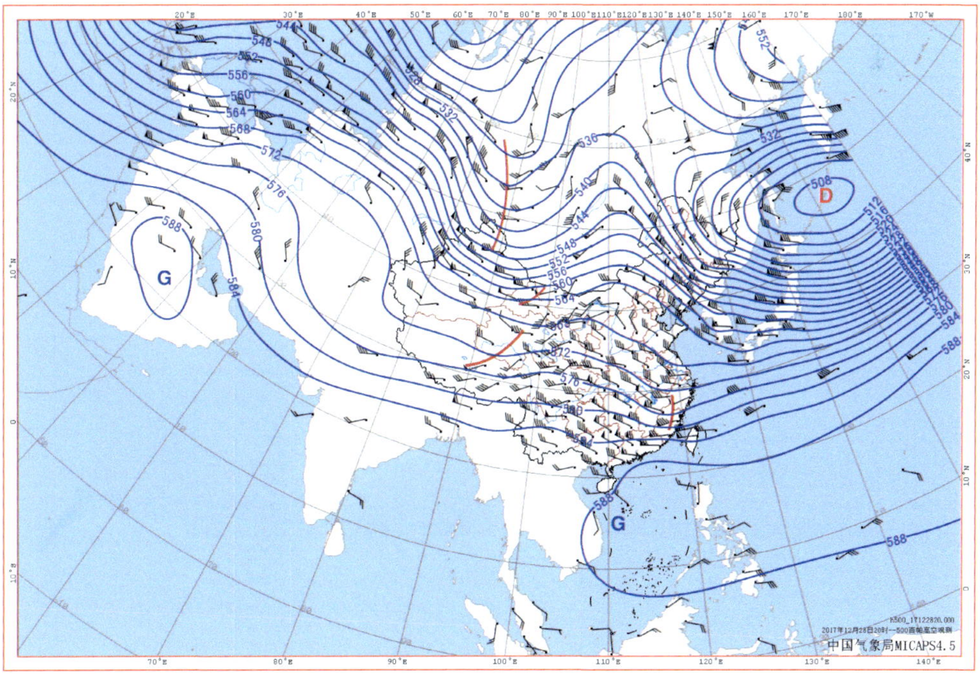

### 5.9.4 12月28日20时地面天气图

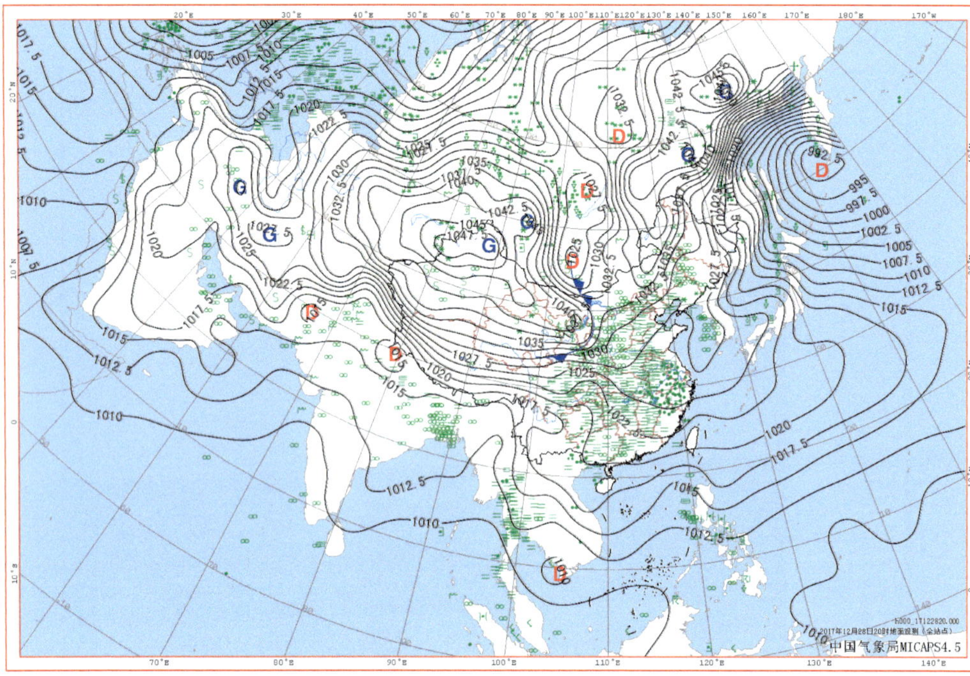


### 5.9.5 气象卫星监测图

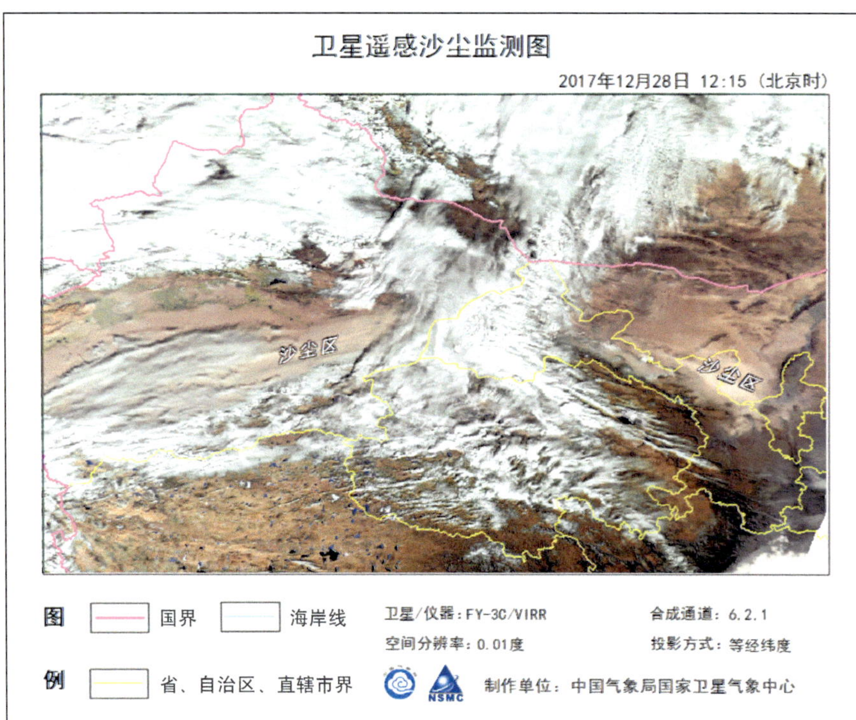